제로 투 제조

0 에 서 　 시 작 하 는 　 제 품 　 개 발

ZERO TO
MANUFACTURING
제로 투 제조

★ ★ ★ ★ ★

이민형 지음

좋은땅

들어가며

　제조업에서 일하기 시작한 지 10년이 넘었고, 내 경력의 절반 이상이 금형, 사출 제조업이다. 처음으로 제조업에 발을 들였을 때 회사는 국내외 대기업의 1차, 2차 협력사였다. 나는 해외영업 대리급 담당자로 시작했고, 퇴사할 무렵에는 개발/영업팀장이 되어 있었다.

　해외출장은 처음에는 즐겁지만, 시간이 지날수록 가기 싫어진다. 직급이 올라갈수록 편한 술자리보다 불편한 술자리가 많아진다. 큰아이가 태어나기 3주 전에 미국과 캐나다로 불안한 출장을 가야 했고, 방어전 성격의 불편한 술자리는 점점 많아졌다.

　대기업의 협력사에서 근무한다는 것에는 명확한 장점과 단점이 공존한다. 장점은 회사가 망할 가능성이 별로 없다. 엄청난 기술적 변화나 경영자의 삽질이 없는 이상 회사는 유지되며 월급은 꼬박꼬박 잘나온다. 대기업에 비해 인적자원이 충분치 않아 조금만 잘해도 눈에 잘 띈다.

　단점은 대기업의 제품을 만들고 있지만, 그에 준하는 대우를 받지 못한다. 경력이 쌓일수록 대기업과의 임금격차가 점점 커지며, 대기업의 정책이나 기술 변화에 따라 회사가 갑자기 경쟁력을 상실하는 경우가 있다. 말이 협력사지 협력적인 관계는 아니다. 주종관계에 가깝다. 상생(相生)관계가 아니고 상생(上生)관계다.

대기업에 납품하는 중소기업에 다니지 않겠다고 결심한 이유가 있다.

첫 번째, 회사의 매출이 성장하더라도 직원에게 돌아오는 것은 거의 없다. 오히려 일만 많아질 뿐이다. 직원 급여는 매출이나 실적보다 경영인의 생각에 따라 결정된다. 경영인이 나쁜 사람이라 그런 것은 아니다. 그 시대에 그런 경영을 배운 것이다. 경영은 책으로도 배울 필요가 있다.

두 번째, 직원의 역량이 그리 중요하지 않다. 제조업의 본질적인 문제와 기술의 발전과 연관이 있는 문제다. 제조기업은 언제 인력을 충원할까? 장비가 새로 들어올 때다. 장비에 따라 사람이 채용되는 구조다. 장비가 좋아질수록 기술 인력이 품질에 미치는 영향력은 적어진다. 경영자 입장에서는 우수한 인력보다 좋은 장비에 투자하는 것이 효과적이다.

영업 인력도 마찬가지다. 완제품을 판매하는 기업과는 많이 다르다. 부품을 공급하는 중소기업의 영업은 경영자와 몇 명의 임원급이 한다. 대기업이나 중견기업과 거래를 트는 일은 부장급 이하에서 일어나기 힘들다. 그저 욕 안 먹게 관리만 잘하면 된다. 사실 관리하는 것도 보통 일은 아니다.

세 번째, 논리적 의사결정보다는 직관적 의사결정이 더 많다. 논리적인 의사결정을 안 하는 것이 아니라 못 하는 것이 맞다. 논리적 의사결정을 위해서는 데이터와 데이터를 해석할 수 있는 사람이 필요하다. 중소기업에는 데이터 관련 전문가가 없다. 경영자의 경험과 직관에 의해서 결정된 사항을 반대하는 것은 위험한 일이다. 회의 때 경영자와 다른 의견을 내세우면 찍힌다. 다른 참석자들에게는 회의가 길어졌다는 이유로 질타를 받는다. 직원의 창의성의 크게 중요하지 않다. 경영자의 의사결정은 신성불가침 영역이며, 직원은 어떻게 풀어 나갈지를 고민하고 수행하면 된다.

남들처럼 적당히 할 수도 있었다. 나보다 먼저 입사해 장기 근무하는 사람들처럼 고인물이 되면 쉽다. 고인물이 잘못된 것은 아니다. 물을 고이게 한 회사의 잘못이다. 장기 근속자를 비난할 의도는 없다. 근로자는 회사가 원하는 모습으로 진화하고 환경에 맞는 사람이 남아 있는 것이다. 생존을 위해 진화하는 것은 자연스러운 모습이다. 환경결정론에도 부합하는 결과다. 중소기업이라는 생태계 안에서 보면 내가 도태된 것이다.

30대 때는 적당히 타협하지 않았다. 적당히 타협하는 것을 비굴하다고 생각했다. 내가 마땅치 않게 여겼던 일의 대부분은 중소기업이라는 환경에서 비롯된 것이다. 수십 명의 밥줄을 쥐고 있는 고객사가 어찌 대단하지 않은가? 경영자인들 그러고 싶었겠는가? 고인물은 다 포기한 듯 보이지만, 본인과 가족의 삶을 포기하지 않았기 때문에 버티고 있는 것이다. 현실을 살아 낼 방법을 터득한 것이다.

나는 그 방법을 터득하지 못하고 퇴사했다. 다시는 대기업 협력사에 근무하고 싶지 않았다. 퇴사 후 2개월 만에 사업자등록을 했다. 제조업 분야에서 근무했던 터라 많은 지인들이 도움을 줬다. 원하는 제품을 개발하는 것은 어렵지 않게 할 수 있었다. 나에게는 개발한 제품을 판매하는 것이 훨씬 더 어려운 일이었다. 한 가지 제품으로 시장을 개척한다는 것이 얼마나 어려운 일인지 금방 알 수 있었다. 소비자 유입을 증가시키기 위해서는 제품군을 늘려야 한다고 생각했다. 저비용으로 원하는 구색을 갖추기 위해서 혼자 중국으로 가서 물건을 찾았다. 모든 제품을 개발하려면 너무 많은 비용과 시간이 투입되기 때문이다. 나는 그만한 시간도 돈도 없었다.

중국 내에서도 물가가 낮은 중소도시의 공장을 찾아갔다. 내 입장에서는 다른 사람보다 싸게 물건을 받아 올 수 있는 루트를 찾은 것이고, 그 공장은 수출할 수 있는 기회를 저절로 얻게 된 것이다. 양쪽 모두 나쁘지 않은 거래였다. 제품을 다양화하다 보니 매출이 빠른 속도로 늘었고, 내가 개발한 제품의 판매량도 자연스럽게 증가했다. 직장 생활 할 때보다 2~3배를 더 벌었다. 운이 좋은 날은 내가 받았던 월급 이상의 마진을 남기는 경우도 있었다.

하지만 매출을 유지하는 것은 결코 쉬운 일이 아니다. 매출을 유지하기 위해서는 꾸준히 새로운 아이템을 개발해야 한다. 개발한 아이템이 늘 성공한다는 보장도 없다. 잘나가는 아이템은 새로운 경쟁자가 진입하거나 제동을 걸려는 신박한 시도가 계속된다. 외부의 저항을 잘 막아 내야 한다. 지속적으로 사이트 관리도 하고, 상담전화도 친절하게 받아야 한다. 구매한 지 1년 가까이 된 실리콘 젓가락의 끝이 찢어졌다는 이유로 컴플레인을 받은 적도 있다. 다양한 도전을 극복해야 한다. 막연하게 상세페이지만 올리면 판매될 거라고 생각할 수도 있지만 그런 일은 거의 없다.

이런 과정을 통해 판매, 개발, 제조 등 모든 분야의 경험과 지식이 자연스럽게 쌓였다. 망하지 않고, 몇 년 하다 보니 지인이나 지인의 지인이 제품 개발이나 판매에 관한 상담을 요청했다. 짧게는 20~30분 길게는 2~3시간 정도를 아무런 대가 없이 상담을 해 주었다. 잘되면 크게 한 턱 낸다는 사람들 중 잘된 사람이 몇 명 있는데 커피 쿠폰 하나 보내는 사람이 없다.

어쩌다 보니 다른 사람의 제품을 개발해 주고 금형, 사출을 통해 양산하는 것이 본업이 되었다. 가끔은 금형, 사출 강의도 하고, 제품 개발 관련 멘토링도 하며 10년째 사업을 하고 있다. 사실 아직은 장사인 것 같다.

우리 회사의 일은 크게 두 가지다. 한 가지는 고객의 제품을 개발해 주는 일, 정부 용어로 제품 개발 용역이다. 다른 한 가지는 금형, 사출 제조업이다. 제품 개발 용역은 재미와 보람이 있지만, 시간 투자 대비 수익이 적다. 금형, 사출은 재미는 없지만 꾸준하게 수익이 창출된다. 이상과 현실이 다르다는 것을 경험하고 있다.

매일 여러 명에게 제품 개발에 관해서 A부터 Z까지 설명하는 것이 보통 일이 아니다. 상담만 받고 개발은 낮은 가격을 제시하는 업체와 하는 사람이 더 많다. 서운하기도 하지만 창업기업 입장에서 어쩔 수 없는 일이다. 사실 서운할 일도 아니고 당연한 일이다.

솔직히 말하면 제품 도면 받아서 금형 제작하고 몇만 개, 몇십만 개 양산하는 것이 가장 편하다. 금형을 개발하는 과정도 쉽지만은 않지만 그래도 돈은 된다. 하지만, 제품 개발을 도와주는 일만큼 보람이 있는 것이 아니다.

매일 적게는 3~4건, 많게는 10건 이상의 제품 개발이나 금형, 사출과 관련된 문의 전화를 받는다. 비슷한 이야기를 반복하는 경우가 많다. 제품 개발 전반에 대한 이야기를 하다 보면 어쩔 수 없는 일이기도 하다.

상담시간을 줄여 보려고 매일 반복적으로 하는 얘기를 영상으로 제작해서 유튜브에 올렸다. 상담시간을 줄여 보고자 했지만, 의도와는 다르게 상담 요청이 더 늘었다. 유튜브 영상을 잘 봤다면서 상담을 요청해 온다. 홍보 효과는 있는데 영상의 내용이 부실했는지 질문이 더 많다. 다행인 것은 질문의 깊이가 과거보다 확실히 높아졌다는 점이다. 영상을 보완해야겠다는 생각은 있지만 보통 일이 아니다. 보통 2~3명이 스튜디오에 가서 3~4시간 동안 촬영하면 30~40분 정도의 영상이 나온다. 원고를 쓰는 일은 더 오래 걸린다. 수익 창출을 목적으로 영상을 제작하는 것이 아니라서 직원을 투입하는 것은 부담스럽다.

영상도 보완해야겠지만 책으로 설명하면 좀 더 이해가 잘될 것이라는 막연한 기대가 있다. 제품 개발 이론보다는 실무에 관한 책이 있으면 개발기업에 도움이 될 것 같다는 생각이 들었다. 책은 다른 인력 투입 없이 혼자 작업해도 충분히 가능하다. 나의 노력 말고는 다른 비용이 들지 않으니 손해 볼 일도 없다.

나의 주관적인 경험을 바탕으로 작성된 내용이라는 것을 밝혀 둔다. 제품 개발이나 금형, 사출은 수학처럼 정답이 있는 것이 아니다. 최대한 합리적인 결정을 하기 위해 노력하는 과정이며, 시행착오가 발생하기 마련이다. 생각이 다르다고 해서 과도한 비난은 하지 않기를 바란다.

단지 내가 바라는 것은 이 책을 읽는 사람들이 시행착오를 줄이고 성공하는 것이다.

목 차

① 제품 개발 프로세스의 개요

제품 개발에는 적게는 수백만 원, 많게는 수억 원이 투입된다. 우리가 수행하는 프로젝트는 보통 기구 설계와 회로 개발을 포함하여 2~3천만 원 정도의 비용이 투입된다. 기간은 3~6개월 정도가 소요된다. 양산에 들어가는 비용을 포함하면 7~8천만 원에서 2억 원이 넘는 프로젝트도 많다.

작은 기업의 제품 개발 결과는 회사의 존폐에 직접적 영향을 준다. 그럼에도 불구하고 제품 개발 프로세스를 잘 모르고 개발에 착수하는 기업도 많다. 안다고 하더라도 체계적으로 정리하기란 쉽지 않다. 궁금한 것을 물어볼 곳도 마땅치 않고, 잘 모르면 불합리한 계약을 제안받을 것 같아 모르면서 아는 척하는 경우도 있다. 결국, 인터넷이나 유튜브로 정보를 찾아보는 경우가 대부분이다. 회사의 존폐 여부에 영향을 주는 일인데 뭔가 부족한 느낌이 든다.

모든 제품 개발 과정을 완벽하게 알기는 불가능하다. 하지만 개발기업에 필요한 것들은 반드시 알아야 한다. 최근 3~4년간 회의와 강의를 하면서 받았던 질문과 멘토링하면서 자주 들었던 질문과 프로젝트하면서 있었던 일들을 요약해서 이 책에서 설명하려 한다.

모든 기업에 동일하게 적용할 수는 없지만, 전체 과정을 이해하기에는 충분하다. 제품 개발 프로세스는 모든 단계가 유기적으로 상호작용하기 때문에 진행순서가 바뀌기도 한다. 프로세스는 제품을 성공적으로 개발하는 것이 목적이다. 순서대로 모든 과정을 진행할 필요는 없다. 사실 그렇게 할 수 없는 경우가 더 많다.

제품 개발 프로세스 12단계는 판매활동을 제외하고 거의 모든 단계가 포함되어 있다. 10~12단계는 제조영역은 아니지만 광의의 개념에서 제품 개발 프로세스에 포함된다. 하지만 분량 관계로 이 책에서는 제외했다. 2차 시장 조사는 많은 비용이 투입되기 때문에 대기업이나 중견기업 정도는 되어야 시행한다. 따라서 이 책에서는 제외했다.

제품 개발 프로세스 12단계

앞서 말한 4가지 단계를 제외하면 8단계로 줄어들고, 아이디어 구상을 제외하면 우리가 함께 논의할 제품 개발 프로세스는 7단계로 줄어든다.

제품 개발 프로세스 7단계

몇 단계를 줄였더니 많이 단순해진 느낌이다. 이번 챕터에서는 개요를 간략하게 설명하고, 다음 챕터부터 각 단계별로 자세히 설명하려 한다.

첫 번째 단계는 전략/기획이다. 아이디어를 어떻게 제품화할 것인지, 고객이 누구인지, 어떻게 수익을 창출할 것인지, 어떤 활동을 통해 기업을 유지해 나갈 것인지 등에 대한 전략을 수립하는 단계다. 비즈니스 모델을 만드는 것과 유사한 작업이다. 수익을 발생시켜, 기업을 지속가능하게 하는 것이 핵심이다. 기업 운영 전반에 관한 내용이기 때문에 비즈니스 모델과 제품 개발 프로세스에 대한 충분한 이해가 선행되어야 한다.

두 번째 단계는 시장 조사다. 제품 개발 프로세스의 1차 시장 조사는 2차 자료를 통해 조사를 하는 것이다. 2차 자료는 기존에 수집되어 있는 자료를 의미한다. 2차 자료는 기업 내부에 있을 수도 있고, 외부에 있을 수도 있다. 공공자료, 다른 기업의 자료, 논문 등 대부분 온라인으로 찾아낼 수 있다. 1차 자료는 특정한 조사목적을 달성하기 위해 직접 조사를 수행하는 것으로 기존에는 없는 자료다. 제품이나 서비스를 위해서 정량, 정성적으로 조사하는 것이다. 1차 자료를 수집하는 것은 12단계 중 2차 시장 조사에 해당하며 여기에서는 설명하지 않겠다. 1차, 2차에 혼동이 없기를 바란다.

제품 개발 프로세스를 7단계로 줄이면서 1차 자료를 수집하는 2차 시장 조사는 제외했다. 중소기업이 감당하기 어려운 비용이 발생하기 때문에 대부분 2차 시장 조사는 수행하지 않는다.

세 번째 단계는 디자인이다. 디자인에서 고려해야 할 것은 고객과 기구 설계 및 양산의 효율성이다. 가장 중요한 것은 당연히 고객이다. 고객이 선호하는 색상, 모양, 크기, 촉감 등을 고려하여 디자인한다. 철학을 부여하는 경우도 있고 최근에는 환경을 고려한 디자인을 하기도 한다.

최근에는 온라인 중심으로 판매가 이루어지기 때문에 시각적인 요소가 더욱 강조된다. 제품의 썸네일 이미지가 관심을 끌지 못하면 상세페이지는 무용지물이다. 클릭을 해야 상세페이지를 볼 수 있기 때문이다.

모든 제품에서 디자인이 가장 중요하다고 말할 수는 없다. 가격 또는 성능, 브랜드 등이 중요한 제품도 있다. 고객을 정의하고, TPO(time, place, occasion)를 생각해 보면 자연스럽게 해결되는 문제다.

만약 제품의 가격이 중요한 제품이라면 원가를 낮출 수 있는 디자인을 해야 한다. 성능이 중요한 제품인 경우에는 기구 설계를 먼저 진행하고 디자인하는 경우도 있다. 때로는 디자인의 무게감을 과감하게 뺄 필요도 있다.

네 번째 단계는 기구 설계다. 필요하다면 회로 개발도 포함된다. 기구 설계 단계에서 고려할 사항이 가장 많다. 디자인, 성능, 원가, 회로 구조, 조립 편리성, 양산 등을 종합적으로 고려하여 설계해야 한다. 잘된 기구 설계는 디자인과 성능을 구현하면서 최대한 단순하게 설계한 것이다. 설계가 복잡해지면 금형과 양산 비용이 상승하기 때문이다.

기구 설계 기간은 부품의 수, 난이도, 크기 등에 따라 결정된다. 비용은 기간과 투입되는 인력에 따라 결정된다. 디자인 비용은 천차만별이지만 기구 설계와 비용 구조가 비슷하다.

〈기구 설계 비용〉

= 투입인원 × 설계 기간 = 부품 수 & 난이도

시제품을 위한 디자인 모델링과 기구 설계의 개념을 혼동해서는 안된다. 디자인 모델링은 양산이나 조립 편리성을 고려하지 않고, 시제품을 만들 수 있는 모델링을 말한다. 기구 설계는 양산을 고려한 것이다. 최근 디자인 모델링을 3D 모델링이라는 용어를 사용하여 낮은 비용에 기구 설계를 해 주는 것처럼 현혹하는 기업이 있다. 3D 모델링은 디자인이나 기구 설계를 컴퓨터와 프로그램을 활용하여 데이터화하는 것이다. 어떤 행위를 표현하는 것이며 산출물은 완전히 다르다. 따라서 디자인 모델링, 기구 설계 모델링과 같이 구체적인 용어를 활용할 필요가 있다. 실제로 3D 프린팅과 시제품에 사용된 모델링을 양산에 그대로 사용하는 경우는 거의 없다.

다섯 번째 단계는 시제품 제작이다. 시제품을 목업(mockup), 워킹목업(working mockup), MVP(Minimum Viable Product, 최소기능제품)라고 표현하기도 한다. 용어를 알아 두는 것도 좋지만, 가장 중요한 것은 시제품을 만드는 목적이다. 목적에 따라 시제품의 완성도 수준이 결정되며, 어떤 방법을 통해 만들지도 결정할 수 있다. 시제품은 3D 프린팅, 진공주형, CNC 가공, 시금형 등을 활용하여 만든다.

여섯 번째 단계는 금형 제작이다. 금형 수정은 많은 비용과 시간이 투입되기 때문에 처음 제작할 때 신중해야 한다. 시제품 제작 단계에서 최대한 검증한 후 금형 제작 단계로 넘어가야 한다. 간혹 시제품으로 확인할 수 없는 것이 있다. 이런 경우에는 부분적인 수정을 고려하여 금형을 제작한다. 수정을 고려하여 금형을 제작하는 것이 바람직한 방법은 아니지만 어쩔 수 없는 경우도 있다. 미세 수정의 경우 사전에 협의하면 무상으로 가능할 수도 있다.

금형의 종류는 QDM이라고 부르는 시금형, 양산 금형으로 크게 나눌 수 있다. 금형을 분류하는 기준은 크기, 금형의 강종, 캐비티 등 다양하다.

금형 제작도 기구 설계만큼이나 고려할 요소가 많다. 난이도, 필요 수량, 개별원가, 제품의 판매가, 가용예산, 품질 수준 등 다양한 측면을 고려해야 한다. 수량 예측을 과도하게 하면 필요 이상의 금형비를 지출할 수도 있다.

일곱 번째 단계는 양산이다. 금형이 완성되면 양산을 진행하는데 양산 자체가 어려운 것은 아니다. 양산할 때 가장 관심이 가는 것은 비용이다. 제품의 개별생산 비용과 조립, 포장 비용도 함께 확인하는 것이 좋다. 기구 설계가 완료되면 비교적 정확하게 양산 비용을 확인해 볼 수 있다. 양산 단계에서는 기존에 산출한 비용에서 큰 변화가 없는지 정도를 확인하는 것이 좋다. 다시 말해 기구 설계가 완료되면 대략적인 비용을 산출해야 한다는 의미다.

기구 설계와 금형 제작이 잘되어 있다면 양산 단계에서는 크게 문제 될 것이 없다. 이전 단계의 완성도가 양산 단계에서 나타나는 것이다. 양산은 디자인, 기구 설계, 금형이 얼마나 잘되었는지를 확인하는 단계다.

제품 개발 프로세스 12단계를 7단계로 줄여서 간략하게 알아봤다. 자세한 내용은 각 챕터별로 설명할 것이며, 사례를 중심으로 쉽게 이해할 수 있도록 설명하려 한다. 양산(생산) 단계의 전문적인 내용은 제외했다. 비전문가도 쉽게 이해할 수 있도록 플라스틱 성형 방법과 가장 많이 활용하는 사출 성형을 중심으로 설명한다.

전략/기획(비즈니스 모델)

"사업은 단순하게 고객을 확보하고 서비스를 제공하여 회사가 어떻게 돈을 버느냐를 말하는 것이다."

– 링크드인 회장 리드 호프만

전략/기획은 회사의 어떤 아이템이나 서비스를 통해 어떤 방식으로 수익을 얻어 회사를 지속적으로 운영할 수 있을지에 대한 고민이다. 링크드인의 회장인 리드 호프만(Reid Hoffman)은 "전 세계에 많은 스타트업이 저지르는 가장 큰 실수는 (스타트업이) 기술, 소프트웨어, 제품, 디자인 등에 초점을 맞추고 있지만, 사업을 이해하는 것은 소홀하게 하고 있다는 것이다. 사업은 단순하게 고객을 확보하고 서비스를 제공하여 회사가 어떻게 돈을 버느냐를 말하는 것이다."라고 말한다. 제품을 개발하는 것에 초점이 있는 것이 아니라 개발한 제품을 잘 판매해서 수익을 실현하는 것이 목표라는 것이다. 사업의 기본은 수익을 실현해서 기업을 지속가능하게 하는 것이다.

사업의 기본을 놓치지 말자. 사업의 기본을 놓친 결과는 폐업이다. 무역협회에서 발표한 스타트업의 생존율을 살펴보자. 우리나라 스타트업 생존율은 1년 후 62.4%, 5년 후 27.3%이고 5년이 지나면 10개 기업 중 7개 기업 이상이 폐업을 한다. 현실적인 이유로 폐업을 못 하는 기업도 있어 실질적인 생존율은 이보다 낮다.

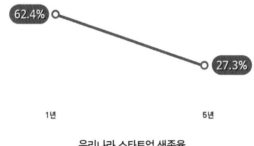

우리나라 스타트업 생존율

제품 개발을 의뢰하는 기업과 미팅을 할 때 리드 호프만의 얘기를 해 주고 싶을 때가 많았다. 대부분 좋은 아이템이나 콘텐츠, 소프트웨어, 디자인, 판매 방안 등에 대해서 초점을 맞출 뿐 회사를 어떻게 운영할지에 대한 고민이 부족하다.

근본적인 것은 기업을 지속적으로 운영할 수 있느냐는 것이다. 제품을 원하는 대로 개발한다고 하더라도 기업이 수익을 내지 못할 수 있다. 시제품을 성공적으로 개발했다고 하더라도 자금이 부족해서 양산을 하지 못할 수도 있다. 좋은 제품이지만 소비자는 구매할 필요가 없다고 느낄 수도 있다. 제품 개발을 넘어 회사 운영 전반에 대한 고민을 하는 것이 전략/기획이고, 비즈니스 모델이다.

쉽게 말해 "그거 해서 먹고살겠냐?", "생각이 있냐?", "그게 될까?" 등 과 같은 근본적인 질문에 답을 찾아가는 과정이다.

전략/기획은 거시적인 관점에서 기업 전반에 관한 구상을 하는 것이 다. 쉽게 접근하기 위해서 알렉산더 오스터왈더의 비즈니스 모델 캔버 스를 활용해 보자.

① 고객은 누구인가?(customer segment) - CS

② 어떤 가치를 제안할 것인가?(value proposition) - VP

③ 어떤 채널을 통해 판매할 것인가?(channel) - CH

④ 고객과의 관계는 어떻게 맺을 것인가?(customer relationship) - CR

⑤ 수입원은 무엇인가?(revenue steam) - RS

⑥ 핵심자원은 무엇인가?(key resource) - KR

⑦ 핵심 활동은 무엇인가?(key activity) - KA

⑧ 핵심 파트너는 누구인가?(key partnership) - KP

⑨ 비용 구조는 어떤가?(cost structure) - CS

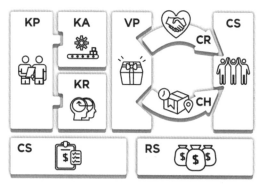

비즈니스 빌딩 블록

1

CS 고객 세그먼트
[Customer Segments]

조직은 하나 이상의 고객 세그먼트에게 상품이나 서비스를 제공한다.

2

VP 가치 제안
[Value Propositions]

조직은 고객이 처한 문제를 해결해주고 욕구를 충족 시켜주는 특정한 가치를 제공한다.

3

CH 채널
[Channels]

조직이 제공하는 가치는 커뮤니케이션, 물류, 세일즈 채널 등을 통해 고객에게 도달한다.

4

CR 고객 관계
[Customer Relationships]

고객과의 관계는 각각의 고객 세그먼트 별로 특징적으로 확립되고 유지된다.

5

RS 수익원
[Revenue Streams]

조직은 고객들에게 전달하고자 하는 가치를 성공적으로 제공했을때 수익을 얻는다.

6

KR 핵심자원
[Key Resources]

앞의 다섯 가지를 실현하려면 자산으로서 핵심자원이 필요하다.

7

KA 핵심 활동
[Key Activities]

앞의 다섯 가지를 실현하려면 조직은 또한 여러 유형의 핵심활동을 수행해야만 한다.

8

KP 핵심 파트너쉽
[Key Partnerships]

특정한 활동들은 외부의 파트너십을 통해 수행하며(아웃소싱), 일부자원 역시 조직 외부에서 얻는다.

9

CS 비용 구조
[Cost Structure]

비즈니스 모델의 여러 요소를 수행하자면 비용이 든다

각 블록별 세부내용

총 9가지의 블록으로 구분하여 비즈니스 모델을 작성한다. 모든 기업이 9개의 블록을 명확하게 채울 수 있는 것은 아니다. 중소기업 현실에서 중요한 블록은 고객과 관련된 1, 4번 항목, 자금의 흐름과 관련된 5, 9번 항목, 제품에 의미를 부여하는 2번 항목이다. 최소한 5가지 블록은 채우고 시작해 보자.

2005년 알렉산더 오스터왈더(Alexander Osterwalder)와 예스 피그누어(Yves Pigneur)가 제안한 비즈니스 모델 캔버스(business model canvas)는 유용한 툴이다. 캔버스를 채워 가면서 우리가 해야 할 일을 확인하고 우리가 개발하고자 하는 제품이나 소프트웨어, 플랫폼이 어떤 흐름으로 이어질지 예상해 볼 수 있다.

비즈니스 빌딩 블록에서 우측 세 칸(고객 세분화, 고객관계, 채널)은 고객과 관련이 있는 것이고, 좌측 세 칸(핵심 활동, 핵심자원, 핵심 파트너십)은 내부역량과 관련 있다. 가운데 가치 제안은 궁극적으로 우리 제품이나 서비스를 왜 이용해야 하는지를 소구(appeal)하는 것이다. 하단 두 칸 수익과 비용은 자금의 순환을 의미한다. 우리 몸의 혈관과 혈액에 비유할 만하다. 어느 한쪽이라도 문제가 생기면 매우 치명적이다.

실무적 경험으로는 캔버스의 칸을 채우는 순서는 중요하지 않다. 어차피 채워 나가다 보면 수차례 수정을 해야 할 것이고, 각 항목이 상호 유기적으로 작용하기 때문에 지속적으로 수정, 관리해야 한다.

오스터왈더의 책『비즈니스 모델의 탄생』에서는 대부분 글로벌 대기업의 사례를 예로 들었다. 중소기업이 그대로 적용하기는 지나치게 거시적이다. 예를 들면 아마존닷컴의 고객 세분화를 '글로벌 소비자 시장(북미, 유럽, 아시아)'과 '개발자 & 회사들', '만족이 필요한 개인 & 기업'으로 작성했다. 다른 블록의 내용도 거시적이다. 중소기업에 이렇게 설명했다가는 '뜬구름 잡는 얘기' 또는 '책상에 앉아만 있어서 아무것도 모른다'는 비난을 면하기 어렵다. 다음은 아마존의 예시다. 참고할 필요는 있지만 우리 현실과는 동떨어져 보인다.

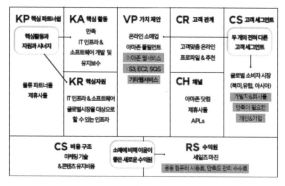

2005년 아마존의 주요 강점과 약점

2006년 아마존이 탐색한 기회

오스터왈더의 블록은 그대로 사용했지만, 세부적인 내용은 우리나라 중소기업, 창업기업 실무에 맞도록 구체화했다. 구체적인 예시를 들어 설명했고, 작성하는 것이 막연하게 느껴지는 사람을 위해 중소기업에 맞는 블록별 보기를 제공했다. 무조건 보기 중에서 선택하라는 것은 아니고 참고해서 작성하라는 의미다. 업종, 회사 규모, 업력 등에 따라 차이가 크기 때문에 일반화하기 어렵다.

비즈니스 모델 캔버스의 보기

이 보기를 바탕으로 생활가전 중 냉장고에 해당하는 비즈니스 모델 캔버스를 작성한 것이다. 직접 작성해서 비교해 봐도 좋고 다음 내용을 참고해도 좋다. 세부 내용은 사람에 따라 달리 생각할 수 있다. 다음은 예시일 뿐이니 각자가 발전시켜 보자.

KP 핵심 파트너십	KA 핵심 활동	VP 가치 제안	CR 고객 관계	CS 고객세그먼트
외주 생산 기업 부품 공급 기업 판매 파트너 기업 배송/설치 대행 기업	제품 개발 마케팅 프로젝트 관리 KR 핵심자원 브랜드 기술력	브랜드 새로움 편리성 성능 가격	개별 어시스트 CH 채널 온라인 직영 매장 파트너 매장	매스마켓 Main1 : 40~50대 Main2 : 30대 여성 (결혼/독립) Sub 1인 가구 60~70대 여성 업소, 기업(B2B)
CS 비용 구조 인건비, 개발비용, 마케팅 비용			RS 수익원 물품 판매 제공	

생활가전(냉장고)의 비즈니스 모델 캔버스

2.1 고객 세분화(CS : customer segment, 고객 세그먼트)

"팬이 없는 프로 스포츠가 존재하지 않듯 고객이 없는 비즈니스
는 존재할 수 없으며, 고객 분석이 선행되지 않은 제품이나 서비
스는 의미가 없다."

'고객 세그먼트'는 마케팅 분야에서 정말 많이 사용하는 단어다. 굳
이 한자어와 영어를 섞어서 사용할 필요가 있을까 싶어 '고객 세분화'
라는 단어를 사용하려 한다. 영단어가 우리말로 정확하게 정의되지 않
은 경우라면 이해를 돕기 위해 원어를 사용하는 것이 옳다. 하지만 고
객 세분화는 누가 들어도 충분히 이해할 수 있다.

『비즈니스 모델의 탄생』에서는 고객 세분화의 예시를 대중을 대상으

로 하는 대량판매시장(매스마켓)과 틈새시장, 세분화가 명확한 시장과 혼재되어 있는 시장, 다면시장(멀티사이드 시장) 등으로 분류했다. 중소기업에서 세그먼트하는 방법은 더욱 구체적이어야 한다. 예를 들면 20~30대 여성, 서울에서 근무하는 40대 사무직, 전업주부, 노트북을 하루 2시간 이용하는 사람 등이다.

고객 세분화 분류표

고객 세분화는 왜 필요한 것일까?

우리가 개발하려는 제품이 모든 사람에게 잘 팔린다면 좋겠지만 현실에서 그런 일은 일어나지 않는다. 보통은 시장이 크고 고관여 제품일수록 아주 구체적으로 세분화한다. 휴대전화처럼 거의 모든 사람이 사용하는 제품은 나라별로, 연령, 성별 등 다양한 세분화를 한다. 세분화의 목적은 고객을 구분하여, 효과적인 제품 개발과 마케팅 활동을 하기 위한 것이다.

대기업은 알고 있다. 고객 세분화가 얼마나 중요한지.

자동차의 광고를 보면 어떤 방식으로 세분화하고 타깃팅하는지 알 수 있다. 그랜저 광고 시리즈 '성공에 관하여'가 좋은 예시다. 총 4편의 시리즈인데 '동창회 편', '아들의 꿈 편', '퇴사하는 날 편', '신체 나이 편'이다. 광고의 주인공이 세분화된 고객을 의미한다.

동창회 편은 30대 중후반에 임원으로 진급한 여성, 아들의 꿈 편은 초등학생 자녀가 있는 진급한 40대 정도의 남성, 퇴사하는 날 편은 차장으로 퇴사하고 자기 사업을 시작하는 남성, 신체 나이 편은 42세의 운동으로 건강을 관리하는 남성 등으로 고객을 세분화했다.

세분화 내용을 정리해 보면 연령은 30대 후반에서 40대 중반이다. 남성과 여성 모두 타깃이나 남성의 비중이 높다. 승진해서 여유가 생긴 직장인 또는 시간관리나 자기관리가 가능한 초기 창업자다. 여기서 말하는 성공은 직장인으로서 낮은 단계의 성공을 의미하며 앞으로가 기대되는 것을 말한다. 성공의 출발선상에 있는 사람, 그런 사람이 그랜저를 타야 한다는 메시지를 주고 있다. 그 메시지를 그대로 해석할 것인가는 고민해 볼 문제다. 직장인으로 40대 초반에 임원이 되는 것을 꿈꾸는 사람, 그런 삶을 동경하는 사람을 타깃으로 했을지도 모른다. 현대자동차는 고객을 세분화하고 타깃이 갈구하는 '성공'이라는 키워드로 광고를 만든 것이다. 즉, 성공하고 싶은 사람이 타깃이라고 보는 것이 맞는 것 같다.

고객 세분화를 통해 시장을 파악하고, 고객에게 어떤 가치를 제공할 것인지를 결정한다.

고객 세분화를 통해 두 가지 중요한 사실을 알아낼 수 있다.

첫 번째, 제품의 시장규모를 파악할 수 있다. 제품을 26~35세의 여성이 사용한다면 각종 통계자료를 활용하여 쉽게 규모를 파악할 수 있다. 특정 직업군의 사람이 이용한다면 각종 협회나 기사자료, 통계청 사이트 등을 이용하여 파악할 수 있다. 비즈니스 모델에서는 이러한 구체적인 데이터를 산출하지 않지만, 시장 조사에 필요하니 미리 알아 두는 것이 좋다.

두 번째, 고객에게 어떤 가치 제안(value propositions)을 할지를 결정할 수 있다. 세분화는 하나가 될 수도 있고, 몇 가지가 될 수도 있다. 농기구 한류를 이끌었던 호미의 사례를 보면, 호미는 농부가 구매하는 경우도 있고, 도시에서 취미로 농사를 즐기는 사람이 구매하기도 한다. 농부와 취미로 농사짓는 사람이 원하는 호미는 다를 수 있다. 농부는 튼튼하고 오래 사용할 수 있는 호미를 선호할 것이고, 취미로 농사를 짓는 사람은 보관과 세척의 편리성도 중요하게 생각할 것이다. 구매하는 채널과 기대하는 것도 다를 것이다. 세분화에 따라서 다른 가치를 제안하는 것이 옳다.

세분화를 통해 파악된 시장규모는 제품을 개발할 때 아주 중요한 자료가 된다. 매출을 예상할 수 있는 기초 데이터가 되기도 하고, 사업계획서를 작성할 때 시장규모의 근거가 될 수 있다.

제품 개발을 할 때 시장 세분화와 타깃을 결정하지 않고, 시작하는 경우도 꽤 있다. 개발할 제품의 고객을 정의하지 않은 상태에서 큰 자금을 투입하는 것은 자살행위나 마찬가지다. 마치 복서가 눈을 가리고 링에 오르는 것과 같다.

고객 세분화 과정 없이 제품을 만들어도 잘 팔리는 경우가 있다. 부럽기는 하지만 모두가 그렇게 운이 좋은 것은 아니다. 기업을 지속적으로 유지하기 위해서 필요한 것은 운보다 실력이다.

지금까지 B2C 거래를 중심으로 고객 세분화를 설명했는데 B2B와 B2G 시장도 존재한다. 거래 대상에 따라 구분한 것이다.

- B2C(business to consumer) : 기업과 소비자의 거래를 의미한다. 일반 소비재를 최종사용자에게 판매하는 경우다.
- B2B(business to business) : 기업과 기업의 거래를 의미하는 것으로 원료, 중간재, 부품류 등을 거래하는 것이다.
- B2G(business to government) : 기업과 정부(공공기관, 학교,

지자체, 공기업)의 거래를 의미한다.

　보통은 거래의 대상이 다르면 제품도 달라진다. 일반 소비자용과 기업을 대상으로 판매하는 제품이 동일한 경우는 많지 않다. 가정용 라면과 업소용 라면이 다르듯 차이가 있다. 동일한 경우는 별도의 작업에 많은 비용이 들어가는 경우나 제품을 구매하는 기업이 소매상이면 굳이 다른 제품을 공급할 필요가 없다.

　B2B나 B2G 제품은 고객 세분화가 필요 없거나 모호한 경우가 많다. 고객이 한정적이기 때문이다. 이런 경우에는 고객 세분화보다는 다른 일에 집중하는 것이 바람직하다.

　B2B 제품은 일반적으로 특정 업종이나 분야로 세분화하는 경우가 많다. B2C보다는 비교적 단순하지만 가치 제안은 각 세분화에 따라 명확한 차이가 있을 수 있다. 예를 들어 휴대전화 부품을 납품한다면 우리나라에 휴대전화 제조사는 삼성전자 한 곳밖에 남지 않았다. 판매할 곳이 우리나라에는 한 곳밖에 없다는 의미이기도 하다. 결국 삼성전자가 원하는 가치를 파악하여 제안하면 되는 것이다.

　B2G 제품은 조달청의 나라장터를 통해 거래되는 경우가 많다. 공공기관이 입찰공고를 올리면 제품이나 서비스를 공급할 수 있는 기업이 입찰에 참여를 하는 형태로 진행된다. 다른 방식은 나라장터 종합쇼핑몰에 입점하는 것이다. 입점하는 절차가 쉽지는 않지만, 입점 자격을 갖춰 쇼핑몰에 제품을 올려놓으면 수요기관에서 필요한 만큼 구매하

는 형태다. 실제로 나라장터 쇼핑몰에 가 보면 김치를 포함한 식품류부터 소프트웨어, 자동차까지 다양한 제품을 수요기관에서 구매할 수 있도록 해 놓았다.

나라장터 홈페이지

나라장터 종합쇼핑몰

2.2 가치 제안(value propositions)

가치 제안은 고객이 원하는 가치를 제품이나 서비스의 형태로 제공하는 것이다. 즉, 우리는 고객의 니즈(욕구, needs)를 해결하기 위한 제품이나 서비스를 고민하면 된다.

어떤 가치를 제공할 것인가, 고객에게 필요한 가치인가, 제품의 가치는 얼마인가, 기꺼이 지갑을 열 수 있는가에 대한 고민이 필요하다. 제공하는 가치가 고객의 니즈에 맞고 기대하는 가격을 고객이 지불하는 것이 최상의 시나리오다.

오스터왈더는 고객이 필요로 하는 가치를 창조하기 위해서는 니즈에 부합하는 명확한 요소들이 있어야 한다고 했다. 가격이나 속도, 크기 등의 객관적 가치와 브랜드, 디자인, 고객경험 등 주관적 가치로 대별했다. 그러면서 새로움, 퍼포먼스, 커스터마이징 등을 예로 들었다.

〈제품의 가치〉
- 정량적 가치 : 가격, 속도, 크기 등 측정 가능한 양적인 가치
- 정성적 가치 : 브랜드, 디자인, 고객경험, 스토리, 신뢰 등 주관적이고 질적인 가치
- * 마케팅(시장 조사)의 정량조사, 정성조사와는 다른 개념이다.

정량적 가치는 계량화된 숫자로 측정, 표현이 가능하며 객관적이다.

반면 정성적 가치는 설문조사를 통해 상대적 가치를 숫자로 표현한 것으로 절대적인 값은 아니다. 예를 들면 고객의 만족도 조사에서 5점 만점 중 3.5점을 받았다면 만족도가 높다고 단정할 수 없다. 유사한 제품의 만족도나 준거가 될 만한 조사결과를 바탕으로 상대적으로 평가하는 것이다.

제품의 핵심가치는 단순하고 명확해야 한다.

제품에는 한 가지의 가치만 있는 것은 아니다. 여러 개의 가치가 동시에 있을 수도 있지만 핵심가치에 집중할 필요가 있다. 여러 개의 가치를 동시에 추가하다가 모두를 충족시키지 못하거나 제품의 원가가 높아지기도 한다.

최근에는 디자인, 스토리, 가격, 재미, 브랜드 등을 중요한 가치로 여긴다. 가격을 제외하고는 정성적 가치를 중요한 가치로 생각하는 분위기다. 이런 현상이 나타나는 이유는 과거에 비해 제조기술이 평준화되어 국가 간, 기업 간 기술편차가 크지 않기 때문이다. 정량적 가치의 평준화에 따라 정성적 가치가 더욱 중요해졌다.

디자인의 중요성은 두말할 필요가 없다. 제품의 디자인은 세분화된 고객을 위한 것이어야 한다. 온라인 마켓이 급성장하면서 소비자가 PC 화면이나 스마트폰으로 제품을 구매하는 경우가 많아졌다. 이에 따라 감성 품질을 시각적으로 표현하는 것도 중요해졌다. 소비자가 디자인에 끌리지 않으면 제품을 만져 보거나 사용해 볼 기회도 없는 것이다.

요즘에는 제품의 스토리가 있는 것은 기본이다.

유튜브, 펀딩, 블로그 등 SNS가 활성화되면서 제품의 스토리가 강조되고 있다. 소비자는 스토리가 있는 제품에 감정을 이입하고, 물리적 가치 이상을 지불하게 된다. 펀딩할 때도 스토리가 중요하다. 왜 이 제품이나 서비스를 개발했는지, 이 제품이나 서비스를 구매해서 사용하면 나에게 어떤 편익(profit)이 있는지 등을 스토리로 표현하는 것이다. 스토리는 다른 가치 제안에 없는 맥락(context)이라는 특별함이 있다. 맥락을 제품 자체만으로 표현하는 것은 어려운 일이다.

자녀가 아토피를 앓고 피부가 의사가 부모의 마음으로 부작용을 최소화한 아토피 치료제를 개발했다고 가정해 보자. 치료제에는 화학적으로 부모의 마음이 들어가 있는 것은 아니다. 하지만 스토리에는 '아토피를 앓고 있는 자녀를 둔 부모의 마음'이 들어 있다. 고통을 함께하고 있으며, 우리 아이를 위한 제품이니 안전하고 좋은 재료로 만들었을 것이라고 생각한다. 제품 개발자와 소비자가 스토리를 통해 동일시하고 감정을 이입하는 것이다. 제품에 감정을 이입하고 동일시하는 고객이 많을수록 충성도(loyalty) 있는 팬(fan)을 확보할 수 있다. 고객의 입장에서 제품에 감정을 이입할 수 있도록 도와주는 것이 바로 스토리다. 스토리는 제품의 가치를 올릴 수 있는 가치 제안이며, 직접적인 제조 원가를 상승시키지 않아 이익 확대를 기대할 수 있다.

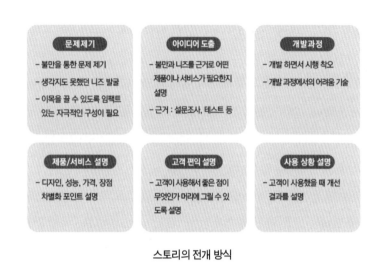

스토리의 전개 방식

싸게 파는 것이 가격 제안의 전부는 아니다.

가격이라는 가치 제안은 진부한 것 같지만 언제나 중요한 가치다. 양극화가 심해지고 경제가 안 좋아질수록 더욱 중요해진다. 가격이라는 가치 제안을 단순하게 저가의 의미로만 인식하는 것은 시대착오적이다.

제품이나 서비스를 사실상 무료로 제공하고, 구독경제의 형태로 매출을 발생시킬 수 있다. 고객으로부터 수집한 빅데이터를 활용하여 별도의 수익을 창출하기도 하고, 가입자 수를 무기로 신사업에 참여하기도 한다. 침대 렌탈 사업을 한다고 가정해 보자. 고객의 수면 상태에 따라 적당한 매트리스를 제공하고 월 사용료를 받는다. 침대에 고객의 수면 상태를 확인할 수 있는 센서와 회로 등을 설치하여 데이터를 수집한다. 사용자가 많아질수록 데이터는 유의미한 가치를 갖는다. 이렇게 모인 빅데이터를 직접 활용할 수도 있고, (개인정보를 제외한) 빅데이터를 타사에 판매할 수도 있다. 실제로 택배회사는 기업에 빅데이터를 판매하고 있다. 이렇게 모인 빅데이터를 기반으로 사업을 확장할 수도 있다.

플랫폼 분야는 고객에게 무상으로 서비스를 제공하는 경우가 많다. 카카오톡이 가장 좋은 예다. 사업 초기 만성 적자에도 불구하고 무상으로 서비스를 제공하면서 가입자를 모았다. 현재는 전 국민이 사용한다고 해도 과언이 아니다. 카카오톡 런칭 초기에 수익 구조에 대한 의문이 있었다. 당연히 천 원짜리 이모티콘만 팔아서 기업을 운영할 수는 없을 것이다.

카카오톡 비즈니스 모델의 핵심은 가입자였다. 무료로 카카오톡을 사용하는 가입자를 대상으로 대리운전, 택시 플랫폼을 운영하고 있다. 카카오는 택시를 한 대도 구매하지 않고, 전국 규모의 택시회사를 운영하는 것과 마찬가지다. 택시, 대리운전, 물류, 금융업에 이르기까지 다양한 분야에서 수익을 창출하고 있다.

KP 핵심 파트너쉽	KA 핵심 활동	VP 가치 제안	CR 고객 관계	CS 고객 세그먼트
택시회사 및 개인택시기사 대리운전기사 쇼핑몰 ⋮ ⋮	네트워크 / 플랫폼 유지 및 개선 투자 유치 **KR 핵심자원** 카카오 플랫폼 플랫폼을 통한 사용자 그룹(거대회원수) 브랜드네임 / 캐릭터	편리성(접근성) 브랜드	셀프서비스 **CH 채널** 모바일앱 (카카오톡, 카카오T …)	거대시장 (Mass market) Main target: 10~50대

CS 비용 구조	RS 수익원
고정비 : 직원 인건비 변동비 : 서버유지비용, 플랫폼 유지 및 개선비용	택시 이용 수수료, 쇼핑몰 수수료, 금융업 등

카카오톡의 비즈니스 모델 캔버스

유튜브의 시청자는 무료로 원하는 영상을 볼 수 있다. 시청자는 크리에이터에게 시청료를 지불하지 않지만 크리에이터는 시청자 수를 늘리기 위해 노력한다. 크리에이터의 고객은 시청자지만 수익은 유튜브에서 주는 광고료나 기업의 광고 협찬에서 발생한다. 카카오톡과 유

KP 핵심 파트너쉽	KA 핵심 활동	VP 가치 제안	CR 고객 관계	CS 고객 세그먼트
크리에이터 각국 정부	플랫폼 알고리즘 관리 광고 최적화 관리 **KR 핵심자원** 시청자(가입자) 빅데이터	재미 가격(free) 정보(교육,건강) 새로움 편리성	코크리에이션 (자발적상생 관계) 커뮤니티 **CH 채널** 온라인	거대시장 시청자 광고주

CS 비용 구조	RS 수익원
인건비 등 고정비, 서버&플랫폼 유지비	광고 수익, 수수료 (슈퍼챗)

유튜브의 비즈니스 모델 캔버스

튜브는 서비스 사용자에게 무료지만, 수수료나 사업 확장을 통해 수익을 창출한다.

렌탈/구독경제는 아무나 하는 것이 아니다.

　플랫폼 기업과 달리 제품 개발기업이 제품을 무료로 제공하는 것은 쉬운 일이 아니다. 구독경제 또는 렌탈의 형태로 제공하는 것은 가능하지만 중소기업에게는 어려운 일이다. 제품가격만큼 비용을 투자하고 몇 년에 걸쳐 회수해야 하기 때문이다. 또한 소비자가 사용하고 있는 제품을 지속적으로 관리해야 하는 부담도 있다. 반대로 수익 구조가 제품판매 마진에 국한된 기업은 촘촘한 비즈니스 모델을 구축해야 한다.

　제품 개발을 의뢰하는 기업 중 가격을 고려하지 않고, 프로젝트를 시작하려는 경우가 절반은 족히 넘는다. 타깃, 판매, 수익 등을 고려하지 않은 것이다. 비즈니스 모델에 대한 고민이 없다고 봐야 한다. 운이 좋아 판매가와 원가가 적절하게 결정되어 제품이 잘 팔리는 경우도 있지만, 그렇지 않은 경우가 더 많다.

　그 외에 재미, 브랜드 등 다양한 가치 제안이 가능하다. 재미있는 제품으로는 소주 디스펜서, 혼술 선풍기 등이 있다. 반드시 필요한 제품은 아니지만, 고객의 감성을 충족시키는 제품이다. 브랜드는 단기간에 구축하기 쉽지 않으며 많은 비용이 투입되기 때문에 중소기업이 제안하기는 어렵다. 장기적인 관점으로 접근할 필요가 있다.

2.3 채널(channel)

직접 판매가 생각보다 잘 안 된다면 과감하게 다른 셀러나 판매 플랫폼을 활용하라.

채널은 앞 단계에서 고객 세분화와 가치 제안을 어떻게 커뮤니케이션하느냐에 대한 방법론이다. 비즈니스 모델 캔버스의 채널과 마케팅의 채널은 의미가 조금 다르다. 오스터왈더는 거시적으로 채널의 요소와 유형을 각각 5가지로 구분했다.

유형은 직영과 파트너, 직접과 간접으로 나눴는데 중소기업 현실에 맞지 않는다. 우리는 채널을 온라인과 오프라인으로 구분하고, 직접 판매할 것인지 도매상을 통해 간접적으로 판매할 것이지만 구분해도 충분하다. 총 4가지의 경우의 수가 나온다.

- 온라인 직접 : 자사몰, 자사가 운영하는 오픈마켓 등
- 온라인 간접 : 온라인 위탁 판매, 타사가 운영하는 쇼핑몰 등
- 오프라인 직접 : 자사의 매장
- 오프라인 간접 : 백화점, 쇼핑몰, 대형마켓 등

직접 판매의 장점은 마진이 높고, 고객과 소통이 원활하다는 것이다. 마케팅 능력이 뛰어나 제품을 잘 알릴 수 있다면 직접 판매가 좋

다. 단점은 모든 채널을 직접 관리하는 것에 많은 인적자원이 투입된다는 것이다. 초기에 제품을 홍보하는 속도가 느린 것도 단점이다.

간접 판매의 장점은 채널별로 마케팅 능력이 뛰어난 기업에게 판매를 맡길 수 있다는 것이다. 여러 채널에서 판매되기 때문에 단기간에 매출이 성장할 수 있다. 단점은 판매자의 이익을 고려해야 하기 때문에 마진이 낮고, 판매가가 무너지는 경우도 종종 발생한다.

판매가가 무너진다는 의미는 정해 놓은 소비자가격이 유지되지 않는 것을 말한다. 예를 들면 제품의 소비자가는 2만 원이고, 판매자에게 제공하는 가격이 1만 원이라고 가정하자. 모두가 2만 원을 유지해야 공평한 경쟁이고 판매자의 마진이 유지될 수 있다. 매출이 저조한 판매자가 1.8만 원에 판매를 하기 시작했다. 이를 알게 된 다른 판매자도 가격을 낮추기 시작한다. 마진은 점점 줄어들고 판매자는 더 이상 제품 판매에 매력을 느끼지 못하게 된다. 초기에 2만 원에 구매했던 소비자는 낮아진 가격에 불만을 품고 악성 댓글을 단다. 사태를 수습하고 2만 원으로 가격을 올렸는데 신규 고객은 가격이 많이 올랐다고 생각하여 구매를 꺼린다. 정말 최악의 시나리오다. 현실에서 이런 경우는 많지 않지만 혹시 모르니 흐름은 알아 두자.

가격이 무너지는 다른 경우는 오픈마켓에서 자동으로 최저가를 맞추거나 쿠폰을 통해 실질 소비자가를 낮추는 것이다. 오픈마켓에서 시스템에 의해 작동하는 경우라서 더 통제하기가 어렵다. 다행히 가격이 크게 내려가지 않지만 주의 깊은 관찰이 필요하다.

소비자를 적절하게 통제하기 위해서 판매자에게 재고를 넘기지 않는 위탁판매를 활용하는 것도 좋은 방법이다. 약속한 가격을 지키지 않은 판매자의 주문은 배송하지 않으면 된다.

제품이 시장에서 좋은 평가를 얻고, 소비자 반응이 좋으면 대량으로 저가에 사입해서 물건을 판매하려는 사람이 견적을 요청해 온다. 사입은 위탁판매와 달리 판매자가 재고를 가져가는 것이다. 물건이 판매자에게 전달된 이후에는 가격 통제가 어렵다. 잘 팔리면 판매자도 가격을 유지하겠지만, 그렇지 않은 경우라면 가격을 낮춰서 판매할 수도 있다. 혹은 덤핑으로 물건을 던지는 경우도 발생할 수 있다는 것도 생각해 두자.

해결 방법이 없는 것은 아니다. 소비자에게 보이는 외관 디자인을 바꿔서 별도의 모델을 만드는 것이다. 손해가 덜할 수는 있지만 근본적인 해결 방법은 아니다. 다른 방법은 사입을 주는 시기를 조절하는 것이다. 내부적으로 새로운 모델 출시에 임박했을 때 기존 모델을 시장에 뿌리는 것이다. 기존 제품이 시장에 널리 퍼지면서 신모델에 대한 인지도가 상승하게 된다. 신모델이 20% 정도 가격이 높다면 소비자는 구모델을 살까 신모델을 살까를 고민하면 된다.

오스터왈더는 채널의 요소를 이해도, 평가, 구매, 전달, 판매 이후 등 시간의 흐름에 따라 나눴다. 한편 마케팅에서는 소비자의 행동 중 구매의사 결정과정을 5단계로 구분한다. 인식, 정보 탐색, 대안 평가, 구매, 구매 후 행동이다. 정보 탐색과 대안평가를 묶어서 4단계로 줄여서 살펴보자. 두 단계가 연속적으로 이루어지거나 동시에 이루어지는 경우가 많기 때문이다.

〈구매의사 결정과정〉
인식 - 정보 탐색과 대안 평가 - 구매 - 구매 후 평가

첫 번째, 인식 단계다. 인식은 무엇인가를 구매하고 싶다는 생각이 드는 것이다. 오늘은 막걸리를 마시고 싶다는 생각이 들 수 있다. 어떤 날은 비가 오거나 주변의 권유로 막걸리를 마시고 싶다는 든다. 인식은 내적으로 생길 수도 있고, 외적인 요인으로 생길수도 있다.

제품을 개발한 사람이 해야 할 일은 잠재적 소비자가 우리 제품을 구매해야겠다는 인식을 갖게 하는 것이다. 인식은 스스로 필요를 느껴서 생길 때도 있고, 외부 자극을 통해 필요를 느낄 때도 있다. 우리가 할 수 있는 것은 잠재고객에게 외부 자극을 줘서 인식하도록 만드는 것이다.

두 번째는 정보 탐색과 대안 평가 단계다. 제품을 인식한 후 정보를 탐색하고 대안에 대한 평가를 한다. 정보는 소비자의 기억에도 있고, 외부에서 찾을 수도 있다. 정보를 수집한 후 몇 가지 제품을 두고 비교를 한다. 소비자는 제품 특성에 따라 다양한 요소를 주관적으로 평가한다.

타깃 고객이 어떤 요소를 중요하게 생각하는지를 파악하는 것이 중

요하다. 고객이 중요하게 생각하는 요소를 중심으로 제품을 포지셔닝할 필요가 있다. 성능과 편리성을 중요하게 생각한다면 관련 정보를 상세페이지, 체험단, 인플루언서 등을 통해 제공하면 된다. 가격이 중요한 요소라면 낮은 가격과 할인 정보를 부각시키는 것이 좋다.

세 번째는 구매 단계다. 온라인으로 판매되는 제품은 구매단계에서 결제의 불편함 정도만 해결하면 된다. 오픈마켓에서 결제는 어려움이 없다. 다만 자사몰에서 판매할 때 고민이 필요하다. 회원가입 절차가 불편함이 돼서는 안 된다. 회원가입이 없어도 쉽게 결제가 가능하게 하고 회원가입 시 특별한 혜택을 주는 것이 좋다. 혜택으로 서비스 상품을 제공한다거나 무상 정비 혜택을 주는 방법이 있다. 무상으로 제공된 상품이나 서비스가 향후 매출 향상에 도움이 되어야 한다. 서비스 상품을 다음에 유상으로 구매하거나 무상 정비혜택을 유상으로 사용하는 계기가 되어야 한다.

네 번째는 구매 후 평가 단계다. 구매 후 평가는 다양한 방법으로 표출된다. 아무런 반응을 보이지 않는 사람부터 주변에 적극적으로 알리는 소비자도 있다. 모든 제품은 구매 후 만족하는 사람과 불만족하는 사람이 공존한다. 이를 표현하는 경우가 있고 그렇지 않은 경우가 있다. 우리가 해야 할 일은 만족하는 사람이 스스로 전파하게 하고, 불만족하는 사람은 의견은 밖으로 나오지 않도록 억제해야 한다. 긍정적인 상품평이 많은 곳에 부정적인 상품평을 올리는 것은 쉽지 않다. 반대로 부정적인 상품평이 많은 곳에는 부정적인 상품평을 올리는 것이 쉽다. 사람의 심리가 그렇다.

　결론적으로 채널의 유형은 직접 판매와 간접 판매, 온라인과 오프라인으로 정리가 된다. 총 4가지가 되며 초기 창업 기업은 온라인으로 직접 판매하는 경우가 가장 많다. 요소는 인식, 정보 탐색과 대안 평가, 구매, 구매 후 행동이며, 시간의 흐름으로 진행이 된다.

우리 제품을 몰라서 구매하지 못하는 경우가 더 많다. 최대한 폭넓게 알려야 한다.

　판매 방식은 가용한 모든 방법을 동원하는 것이 바람직하다. 초기에는 제품을 최대한 많이 알리는 것이 중요하다. 제품을 낮게 평가하는 고객보다 제품을 인지하지 못하는 고객이 더 많기 때문이다. 하지만 제품 개발기업의 대표는 제품에 대한 강한 애착 때문에 직접 판매를 고집하는 경우가 많다. 잘 판매할 수 있다면 그보다 좋은 것은 없다. 직접 판매를 해 보고 잘 안 되면 빠르게 판매자를 찾아보기를 바란다.

　요소는 소비자의 구매행동이다. 제품을 인식하고 구매 후 평가를 하기까지를 단계적으로 나눴지만 실제로는 연속성이 있는 행동이다. 좋은 인식 후 구매 후 극단적으로 나빠지는 경우는 많지 않다. 따라서 인식, 탐색과 평가 단계부터 좋은 이미지를 심어 주는 것이 매우 중요하다. 절대로 광고 및 홍보 비용을 아껴서는 안 된다.

다음 다섯 가지는 온라인 판매를 위한 최소한의 활동이다.

- 직접 광고를 통한 제품 홍보
- 정기적인 블로그 체험단 운영
- 카페 활동을 통한 인지도 제고
- 기업 홈페이지 및 블로그, 유튜브 운영
- 인플루언서 활용

2.4 고객관계(customer relationships)

고객관계(customer relationships)는 고객과 어떤 형태의 관계를 유지할 것인가에 대한 것이다. 기업은 고객의 성향과 제품이나 서비스에 따라 어떤 형태의 관계를 맺을지를 선택해야 한다.

신규 고객 유치에 중점을 둘 것인지, 기존 고객의 객단가를 높일 것인지 등에 대한 결정을 하는 것이다. 제품을 개발해서 런칭하는 기업은 당연히 신규 고객을 유치하는 것에 중점을 둬야 한다.

고객관계를 제품을 구매한 고객과 좋은 관계를 유지하는 것으로 한정하면 안 된다. 제품을 구매하기 전부터 관계를 맺을 수 있다. 제품을 양산하기 전부터 관련 커뮤니티에서 활동하는 것이 도움이 된다. 애견용품이라고 해서 반드시 애견 커뮤니티에서 활동하라는 법은 없다. 애견을 키우는 사람들이 많은 곳이라면 어디든 좋다. 사람이 모이는 곳에는 애견 키우는 사람도 많다. 커뮤니티에서 개발하려는 제품에 대한 피드백이나 아이디어를 얻을 수 있다. 자신의 아이디어가 반영된 제품이 출시되었을 때 구매의사가 높아지는 것은 당연한 일이다.

제품 개발 과정을 블로그나 유튜브로 보여 주는 것도 좋은 방법이다. 가치 제안 중 스토리에 해당한다. 커뮤니티나 유튜브, 블로그를 강조하는 이유는 사람이 매출이기 때문이다.

고객과 우호적인 관계를 유지하는 것은 중요하다. 하지만 많은 시간과 노력이 투입되며 단시간에 성과를 내기 어렵다. 장·단기 관점에서 어떻게 유지할지 고민이 필요하다.

2.5 수익원(revenue streams)

기업은 지속적으로 수입이 발생해야 한다. 제품이나 서비스 한두 개로 해결될 일이 아니다.

수익원은 고객에게 제품이나 서비스 등의 가치를 제공하고, 그 대가로 받는 현금을 말하며 매출에서 비용을 공제하면 수익이 된다. 제품이 수익을 내는 방식에 따라 고객이 1회성으로 지급하는 수익과 2회 이상 연속적으로 발생하는 수익으로 구분할 수 있다.

면도기 판매수익은 1회성이고, 면도기날은 주기적으로 수익을 내는 제품이다. 정수기나 프린터기도 마찬가지다. 제품이 주기적으로 안정적인 수익을 낸다면 얼마나 좋을까. 안타깝게도 모든 제품이 주기적으로 수익을 낼 수 있는 것은 아니다.

1회성 수익을 내는 제품이라면 지속적으로 시장을 확장할 필요가 있다. 주기적으로 개선된 신제품을 출시해서 고객의 이탈을 방지하는 것도 방법이다. 아무리 좋아도 동일한 제품을 2~3년 뒤 다시 구매하는 것은 흔치 않다. 고객의 충성도가 높아야 반복적인 수익을 낼 수 있다. 고객의 충성도를 높이기 위해서는 꾸준한 커뮤니케이션과 관리가 필요하다.

기업의 수익원이 무엇인지 깊게 고민할 필요가 있다. 막연하게 제품을 많이 팔겠다는 것 말고도 다양한 방법을 생각해 봐야 한다. 제품으로 주기적인 수익을 낼 수 있는 방법은 없는지, 제품을 활용한 서비스로 수익을 낼 수는 없는지, 제품을 확장할 수 있는 방법은 없는지 등을 고민해야 한다. 지속적으로 발전, 확장하지 않으면 기업은 살아남지 못한다.

2.6 핵심자원(key resources)

핵심자원은 비즈니스 모델을 작동하는 데 필요한 기업의 자산이다. 기업이 갖고 있는 고유한 강점을 말한다. 앞서 얘기한 가치 제안을 원활하게 실현하기 위해서 우리가 어떤 핵심자원을 갖고 있는지가 중요하다.

오스터왈더는 핵심자원을 물적자원, 지적자산, 인적자원, 재무자원 등 네 가지로 분류했다. 대부분의 스타트업은 네 가지 중 일부만 갖추고 있다.

〈기업의 핵심 자원〉
물적자원, 지적자산, 인적자원, 재무자원

물적자원은 생산설비나 물류 네트워크 등 중견기업, 대기업이나 가능한 것이다. 지적자산은 특허, 브랜드, 파트너십, 고객 데이터베이스 등이다. 스타트업의 경우 인적자원은 대표와 팀원 정도가 있다. 재무자원은 가용한 자금이다. 이 중에서 어떤 자원을 갖고 있는지 생각해 보면 아마도 마땅치 않을 것이다. 하지만 실망하거나 포기할 필요는 없다. 최고의 기업만 살아남는 것이 아니다. 네 가지 중에서 잘할 수 있는 것이 핵심자원이다.

스타트업은 대규모 투자를 받지 않는 이상 물적자원을 확보할 수 없고, 재무자원은 더욱 확보하기 어렵다. 스타트업은 지적재산이나 인적자원이 핵심자원이 되는 경우가 많다. 개발하려는 제품의 아이디어나 특허가 지적재산이고, 대표나 팀원의 역량과 팀워크가 인적자원이다. 핵심자원이라고 말하기는 어렵지만 스타트업의 가장 큰 장점은 외부 환경 변화에 빠르고 유연하게 대응할 수 있다는 것이다. 목표를 달성하기 위해 한 가지 방안을 고집하기보다는 상황에 따라 대응하는 것이 좋다.

기업이 성장함에 따라 핵심자원이 달라질 수 있다. 현재의 핵심자원을 확장하고 유지할 것인지, 다른 핵심자원을 갖출 것인지 고민이 필요하다.

2.7 핵심 활동(key activities)

핵심 활동은 사업을 영위하기 위해 반드시 잘해야만 하는 활동이다. 핵심자원과 마찬가지로 기업이 고객에게 제안한 가치를 실현하고 수익을 창출하기 위해서 하는 일이다.

홈트레이닝 운동기구를 개발하는 기업이라면 고객에게 제안하는 가치는 건강과 행복이다. 고객의 건강과 행복을 위해서 기업이 하는 일이 핵심 활동이다. 고객의 건강을 위해 제품을 개발하는 일, 제품을 합리적인 가격에 판매하는 일, 제품을 구매한 고객을 지속적으로 관리하는 것이 핵심 활동이 될 수 있다. 쉽게 생각하면 핵심자원이 만들어 내는 중간결과물이 핵심 활동이다.

제조기업이라면 핵심 활동은 생산 활동이 될 것이다. 생산 활동의 범위는 제품을 개발하고 제작하여 고객에게 운송하는 것을 포함한다. 조금 더 구체적으로 생각해 보면 고객에게 저비용으로 고품질의 제품을 빠르게 공급하는 것이 핵심 활동이 되는 것이다.

컨설팅 회사나 병원, 기타 서비스 기업은 고객의 문제를 해결해 주는 것이 핵심 활동이 될 수 있다. 고객이 해결할 수 없는 문제에 대한 솔루션을 제공하거나 직접 해결해 주는 것이다. 문제를 해결해 주기 위해서는 해당 분야에 전문적인 지식이 있어야 한다. 따라서 내부조직의 지속적인 트레이닝과 우수한 인재의 영입이 필요하다.

2.8 핵심 파트너십(key partnerships)

제품 개발을 수행하는 외주용역기업이나 판매나 유통을 도와주는 협력사, 기술 교류가 가능한 기업 등이 핵심 파트너에 해당한다. 파트너와 협업을 하는 이유는 크게 네 가지다.

- 자체적으로 할 수 없는 일을 파트너가 할 수 있다.
- 파트너가 수행하는 것이 비용이 낮다.
- 직원을 채용하는 것보다 리스크가 낮다.
- 다른 기업과 시너지 효과를 기대할 수 있다.

중소기업은 자체적으로 할 수 없는 일을 파트너에게 의뢰하는 경우가 많다. 기술적으로 어려운 일이거나 새로운 직원 채용이 필요할 때 파트너에게 의뢰하는 것이 효율적이다. 자체적으로 할 수 있지만, 파트너에게 의뢰하는 경우도 있다. 파트너사를 활용하는 것이 비용이 적게 들고 실패에 대한 리스크를 회피할 수 있기 때문이다. 예를 들어 직원을 채용해서 개발을 하다가 실패하면 기업 입장에서는 인건비, 시간 모두 손해다. 하지만, 파트너와 계약을 했다면 실패에 대한 부담을 파트너와 나눌 수 있다.

대기업이 외주협력사를 활용하는 것은 못 해서가 아니다. 외주협력사는 대기업보다 낮은 인건비의 직원을 활용해서 낮은 가격에 납품한다. 동시에 불량에 대해 비용 부담을 줄일 수 있다. 스타트업과 대기업이 파트너를 활용하는 이유는 매우 다르다. 스타트업은 스스로 해결할 수 없는 것을 의뢰하는 것이 보통이고, 대기업은 비용 절감의 목적이 대부분이다. 목적은 다르지만 기업의 규모를 떠나 파트너십은 필요하다.

2.9 비용 구조(cost structure)

고정비의 비율을 줄이는 것이 중요하다. 매출을 늘리거나 아껴라.

비용 구조는 기업을 운영하는 데 투입되는 모든 비용을 말한다. 기업이 유지되기 위해서 반드시 수익이 비용보다 커야 하는 것은 아니다. 카카오와 쿠팡을 보면 수년간 몇천억 원, 수조 원의 적자를 기록하던 기업이다. 단기적으로 적자를 감수하면서 기업의 외연을 확장해야하는 경우도 있다. 사회적기업이나 정부의 지원을 받는 R&D 기관도 반드시 흑자를 내야 하는 것은 아니다.

투자를 받지 않은 영리기업은 1~2년 이내 흑자 구조를 만들어야 회사를 유지할 수 있다. 매출의 성장에 따라 여러 가지 형태로 자금을 조달할 수 있는 방법은 있지만, 자생할 수 있는 정도의 수익을 내는 것이 가장 중요하다.

비용은 크게 고정비용과 변동비용으로 나뉜다. 고정비용은 매출에 규모에 상관없이 일정하게 지출되는 비용을 말한다. 예를 들면, 임대료, 인건비, 운영에 필요한 제품이나 서비스의 월정액 또는 렌탈료 등이다. 변동비는 제품을 생산할 때 가변적으로 투입되는 비용을 말한다. 예를 들어, 하드웨어 생산 비용, 원재료 비용, 제품을 고객에게 배송하기 위한 물류 비용 등이 포함된다.

〈비용〉
- 고정비용 : 임대료, 인건비, 렌탈료, 프로그램 사용료 등
- 변동비용 : 원재료 비용, 판매수수료, 배송비, 외주생산 비용 등

중소기업은 고정비 부담이 크다. 제품의 판매량과 관계없이 동일하게 지출하는 비용이기 때문이다. 고정비용을 줄이는 것이 쉽지 않다. 제품 개발 기간을 단축해서 비용을 줄일 수 있다. 판매량을 증가시켜 규모의 경제를 실현하는 것도 방법이다. 판매량이 2배로 늘었다고 해서 직원을 2배로 늘려야 하는 것은 아니다.

비즈니스 캔버스를 통해 전략을 수립하고 기획하는 방법을 알아봤다. 제품 개발과 직접적인 관계가 없는 내용도 있지만 기업을 운영하는 데 필요하다. 제품을 개발하는 것도 궁극적으로는 기업을 운영하기 위한 것이니 깊은 관계가 있는 것이다. 제품 개발의 목적은 기업을 유지하기 위한 돈을 버는 일이라는 것을 잊지 말자.

시장 조사

시장 조사의 목적은 여러 가지가 있지만, 리스크를 줄이는 것이 스타트업에게 중요하다. 제품이나 서비스를 개발하기 이전에 소비자의 니즈를 찾고, 시장의 크기나 잠재력을 과학적으로 분석하는 것이다. 시장 조사를 할 때는 1차 자료나 2차 자료를 활용한다. 1차 자료는 우리가 개발하는 제품이나 서비스를 위해서 별도로 수집하는 것이다. 설문조사나 면접조사, 관찰 등이 해당된다. 2차 자료는 기업 내·외부에서 사전에 작성된 자료를 말한다. 쉽게 말해 우리가 온·오프라인에서 찾을 수 있는 자료라고 할 수 있다.

- 1차 자료(primary data) : 당면한 의사결정 문제를 해결하기 위해 직접 수집한 자료
- 2차 자료(secondary data) : 다른 조사를 목적으로 이미 수집된 자료

1차 자료를 수집하는 것은 비용이 많이 들기 때문에 중견기업도 잘 하지 않는다. 소비재를 제조하거나 판매하는 대기업 정도는 되어야 할 수 있다. 온라인 설문조사는 적게는 수백만 원 많게는 천만 원 이상 비용이 들기도 한다. 중소기업이나 스타트업은 2차 자료만 잘 찾아도 충분하다. 2차 자료를 수집하는 방법을 구체적으로 살펴보고 적용해 보자.

제품을 디자인할 때 기본적인 시장 조사가 포함되는 옵션이 있다. 디자인을 하기 위해서는 경쟁제품이나 타깃을 알아야 하기 때문에 시장 조사를 하는 것은 당연한 일이다. 아주 가벼운 시장 조사이기 때문에 부족함이 있다.

우리가 찾고 싶은 데이터와 데이터를 정리하는 방법을 알아야 한다. 가장 먼저 찾아야 할 자료는 시장규모에 관한 데이터다. 개발할 제품에 대한 시장규모를 알아야 매출 목표를 잡을 수 있다. 시장규모가 조사되어 있는 사이트에서 자료를 찾을 수 있고, 자료가 없는 경우는 오픈마켓에서 판매량을 기준으로 시장규모를 역산해 볼 수 있다.

정부에서 공개하는 중소기업 기술로드맵을 참고하면 좋다. 제목만 봐도 우리나라 정부가 어떤 방향으로 산업을 이끌어 가려는지 알 수 있다. 정부지원사업 사업계획서를 작성할 때 특히 유용하다.

그다음으로 협회, 재단, 통계청 등의 자료를 찾는 것도 좋은 방법이다. 수출을 생각하고 있다면 해외자료로 함께 보면 좋다. 자료를 찾는 것도 능력이다. 사람마다 적지 않은 편차가 있고 잘 찾지 못하는 사람도 있다. 딱 맞는 자료가 없는 경우에는 몇 가지 자료를 참고하여 논리적으로 예측하는 것도 방법이다.

원하는 자료를 도저히 찾을 수 없다고 판단이 되면 온라인 판매 자료를 근거로 역산하는 방법이 있다. A라는 제품을 검색하면 배송정보나 댓글의 수를 세어 판매량을 산출하는 것이다. 주로 쿠팡이나 스마트스토어에서 자료를 찾아볼 수 있다.

콘셉트 보드를 만들어 지인에게 직접 물어보는 것도 가능하다. 콘셉트 보드는 제품의 이미지, 용도, 성능, 사용예시 등을 포함하여 제작한다. 가격을 보여 주지 않고 선호나 구매의향을 묻고, 가격을 보여 준 후의 구매의향을 다시 물어보는 것이 좋다. 제품의 가격이 구매의향을 높이는지 낮추는지 확인할 수 있는 방법이다.

시장 조사는 별도의 과정이나 교재를 통해 자세히 설명하려 한다. 제품 개발 과정에서 자세히 설명하기에는 내용이 너무 방대하다.

4 제품 디자인

디자인 비용은 아끼지 말고 과감하게 투자해라. 아끼다 망한다.

디자인이라는 용어의 사용범위가 늘어나고 있다. 스포츠에서도 종종 활용되는데 야구에서 투수의 투구 패턴 또는 레퍼토리라고 하던 것을 피칭 디자인이라는 용어로 대신하여 사용하기도 한다. 넓은 개념으로 어떤 내용을 설계하고 계획하거나 밑그림을 그리는 일을 디자인이라고 한다.

디자인은 종류도 매우 다양하다. 한국디자인진흥원 자료에 따르면 디자인 분야를 8가지로 대별했다.

제품 디자인은 넓은 의미로 기구 설계, 양산, 패키지, 물류 등 모든 것을 고려한다. 그 자체가 제품 개발 프로세스나 비즈니스 모델이 될 수도 있다는 것이다. 이 책에서는 제품 디자인을 좁은 의미로 한정하려 한다. 디자인을 제품 개발 프로세스 중 한 단계로 이해해 주기를 바란다.

디자인 산업별 분류
대분류(8개) - 중분류(42개) - 소분류(154개)
한국디자인진흥원 2022 디자인산업통계

1) 제품디자인
중분류 6개 / 소분류 37개
전기 전자 제품 디자인
다목적 기계 및 공구디자인
생활 / 환경용품 디자인
운송기기 디자인
가구디자인
제조업회사본부디자인
기타 제품 디자인
의료기기디자인
·
·
석공예 디자인

2)시각디자인
중분류 7개 / 소분류19개
편집 디자인
식·의약품 패키지 디자인
비 식·의약품 패키지 디자인
광고 디자인 (인쇄매체)
기타 시각디자인
일반서적 편집 디자인
·
·
기타시각 디자인

3)디지털 / 멀티미디어 디자인
중분류 4개 / 소분류 11개
영상 디자인
웹 디자인
게임 디자인
기타 디지털 /
멀티미디어 디자인
광고영화 및 비디오물
영상 디자인
·
·
기타 디지털 /
멀티미디어 디자인

4)공간디자인
중분류 10개 / 소분류 25개
건축디자인
인테리어장식 디자인
전시 및 무대 디자인
인테리어 내부 디자인
익스테리어 디자인
조경 및 제조환경 디자인
리모델링 디자인
건설환경 디자인
토목환경 디자인
기타 인테리어 디자인
인테리어 디자인
·
·
기타 인테리어 디자인

5)패션 / 텍스타일 디자인
중분류 5개 / 소분류 19개
패션 디자인
기능성패션 디자인
텍스타일 디자인
잡화 디자인
키타패션텍스타일 디자인
남성복 디자인
·
·
기타 패션 텍스타일
디자인

6)서비스 / 경험 디자인
중분류 3개 / 소분류 11개
서비스 디자인
인터랙션 디자인
기타 서비스 / 경험 디자인
보건의료서비스 디자인
·
·
서비스/
경영디자인컨설팅

7)산업공예디자인
중분류 5개 / 소분류 20개
금속 공예
도자 공예
기타 서비스 / 경험 디자인
목공예
기타 공예
금속단조 디자인
·
·
석공예 디자인

8) 디자인 인프라 (디자인 기반 기술)
중분류 3개 / 소분류 10개
디자인 모형
디자인 연구개발
기타 디자인 서비스
디자인 목업 및 모형제작
·
·
기타산업 회사본부

디자인 산업별 분류

제품 디자인이 중요하다는 것은 모두가 안다. 당위적으로 중요하다고 느끼며 디자인이 잘된 제품은 잘 팔린다는 것도 안다. 이를 증명한 논문이나 통계가 있을 것 같다는 추측도 할 수 있으며 실제로 있다. 한국디자인진흥원 통계에 따르면 기술 R&D는 투자 대비 매출 증대효과가 5배이고, 디자인은 14.4배였다. 1만 원을 투자하면 14만 4천 원의 매출이 증가했다는 의미다. 하지만 제품 디자인에 많은 노력과 비용을

투자하는 중소기업은 적다. 대기업도 마찬가지다. 중소기업보다 많은
비용을 사용하기는 하지만 전체 개발비 대비 백분율로 따지면 그리 높
지 않다고 알려져 있다.

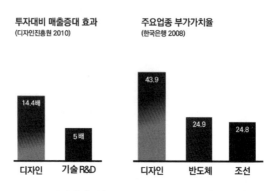

디자인의 매출 증대 및 부가가치 증가 효과

왜 디자인이 중요한 것인지, 왜 투자효과가 높은 것인지 알 필요가
있다. 기술적으로 매우 뛰어난 소수의 제품은 디자인에 신경을 쓰지
않아도 잘 판매된다. 개발하려는 제품이 기술력이 중요한 제품이고,
기술적으로 뛰어나다면 기술 개발에 집중하는 것이 좋다. 하지만 대부
분의 제품은 여기에 해당하지 않는다.

유사한 제품이라도 디자인이 우수하면 마진이 2배가 된다.

디자인이 중요한 이유는 크게 두 가지다.

첫 번째, 최근에는 인력과 정보의 교류가 자유로워지고 장비가 발달해서 기술적 평준화 추세가 뚜렷하다. 기술적으로 차별성을 갖는 제품을 개발하기 힘들며 후발주자가 빠른 속도로 따라올 수 있기 때문에 기술적 우위를 오랜 기간 유지하기 힘들다. 따라서 디자인으로 차별성을 추구하는 경우가 많다.

두 번째, 온라인 시장의 성장도 한몫을 하고 있다. 온라인 구매행동에서는 키워드를 입력한 후 보이는 썸네일 이미지와 가격이 중요한 요소다. 마음에 드는 것을 클릭한 후 상세페이지와 구매후기 등을 확인한 후 구매한다. 썸네일 이미지에 보이는 제품 디자인이 마음에 들지 않는다면 클릭할 확률이 떨어진다. 판매자 입장에서는 상세페이지를 보여 줄 기회조차 없다. 사실 오프라인도 유사한 과정을 거친다. 실제의 공간이냐 가상의 공간이냐의 차이일 뿐이다. 온라인의 썸네일 이미지는 오프라인 매장의 간판이나 외부 인테리어와도 같다. 상세페이지는 내부 인테리어, 배너, 메뉴판, 종업원과 마찬가지다. 결국 처음 보이는 디자인이나 이미지가 좋지 않으면 결과도 좋을 수 없다.

디자인에 투자하는 것이 가장 효과적이다. 색깔만 바꿔도 신제품 같아 보인다.

제품 디자인이 투자 대비 효과가 높은 이유는 세 가지다.

첫 번째, 개발과정에서 디자인에 투자한 비용 대비 높은 비용을 받고 판매할 수 있다. 제품의 부가가치를 높일 수 있다는 의미다. 실제로 주방용 조리도구 중 동일한 금형에 원재료 색상을 변경해서 1.5배 높은 가격으로 판매한 사례가 있다.

두 번째, 제품의 원가를 줄일 수 있기 때문이다. 제품 디자이너가 제조 공정을 잘 모르면 제조 원가가 급격히 증가할 수도 있다. 심한 경우에는 기구 설계 과정에서 그대로 구현할 수 없어 기구 설계 후 다시 디자인을 하는 경우도 있다. 반대로 뛰어난 제품 디자이너는 필요한 부품과 원가, 제품의 구조를 모두 고려한다. 이것이 R&D와의 가장 큰 차이점이기도 하다. 일반적으로 제품의 성능이 좋아지면 제품의 원가가 상승한다. 하지만 뛰어난 디자인은 제품 원가를 상승시키지 않는다.

세 번째, R&D 비용보다 디자인 비용이 상대적으로 낮다. R&D는 여러 명의 연구 인력과 수년의 시간이 필요하다. 대기업을 제외한 민간 기업이 독자적으로 하기 어려울 만큼 많은 비용이 투입된다. 반면 제품 디자인은 2~3개월을 넘는 경우가 많지는 않다. 비용도 그리 높은 편은 아니라 투자대비 효과가 좋다.

제품 디자인이 중요한 이유와 효율성이 높은 이유를 알아봤다. 지금부터는 어떤 경우에 디자인을 힘을 싣고 힘을 빼야 하는지를 알아보려 한다. 항상 디자인에 많은 비용을 투자할 수 있는 여건이 된다면 좋겠지만 현실은 그렇지 않다. 비용 문제로 디자인을 생략하는 경우도 있고, 극단적으로 간소화하는 경우도 있다. 상대적으로 제품 디자인이 덜 중요한 제품부터 알아보자.

〈디자인 중요도가 낮은 제품군〉

- 기술 주도형 제품
- 내장 제품
- B2B(산업용) 제품
- 가격 주도형 제품

이 네 가지 제품군의 디자인이 필요 없다는 것은 아니다. 상대적으로 중요도가 떨어진다는 의미다. 구매자가 제품 디자인을 덜 중요하게 생각한다는 의미이기도 하다. 구매의사결정을 할 때 제품의 성능, 가격, 내구성, 납기 등 다른 요소를 조금 더 중요하게 생각하는 것이다. 앞서 말했듯 기술주도형 제품도 기술적 한계에 도달하거나 다른 제품과의 차별성이 없어지면 디자인으로 차별성을 만들려는 시도를 한다. 다시 한번 강조하지만 제품 디자인이 덜 중요하다는 것이지 필요 없다는 것은 아니다. 반대로 제품 디자인이 중요한 제품을 알아보자.

〈디자인 중요도가 높은 제품군〉

- 결정적인 기술적 차별성이 없는 제품
- 외부로 노출되는 제품
- B2C(소비재) 제품

일반 소비재는 디자인이 가장 중요하다.

대부분의 일반 소비재는 디자인이 중요하다. 정도의 차이만 있을 뿐이다. 일반 소비재는 제품 디자인을 중심으로 기획하고 원가, 기술 요소를 맞춰 가는 방식이다. 제품 디자인을 중심으로 프로젝트를 진행할 때는 제품 디자이너와 기구 설계 엔지니어의 소통이 중요하다. 디자인, 기구 설계 순서대로 진행하더라도 한 번에 프로젝트가 끝나기는 어렵다. 보통은 디자인 모델링을 받아 기구 설계를 진행한다. 기구 설계 엔지니어는 구조적 문제나 원가 등을 이유로 디자인 수정을 요청할 수 있다. 이런 과정이 2~3차례 이상 반복적으로 진행될 수 있다.

두 가지 제품군의 결정적인 차이가 있다. 디자인이 덜 중요한 제품은 먼저 기구 및 회로를 설계해서 제품을 개발해 놓고 디자인을 입힌다. 즉, 디자인을 매우 간소하게 진행한다. 한편 디자인이 중요한 제품은 디자인을 먼저 하고 기구 및 회로 설계를 한다. 어쩔 수 없이 일부 디자인을 변경하는 경우가 있지만 디자인의 의도와 방향성을 유지해야 한다.

좋은 제품 디자인이라는 것은 미적 영역에만 국한되지 않는다. 여러 가지 요소가 종합적으로 조화를 이루는 제품 디자인이 좋다. 예를 들어 모두가 감탄할 정도로 미적으로 뛰어난 제품이 있다. 하지만 사용하기 불편하고 경쟁제품에 비해 턱없이 비싸다면 판매에 많은 어려움을 겪을 것이다. 따라서 디자인을 할 때는 심미적 요소뿐만 아니라 다양한 요소를 고려해야 한다.

제품 디자인의 핵심 요소는 심미성, 편리함, 경제성, 정체성, 내구성,

안전성, 트렌드 등 다양하다. 각 요소를 차근차근 살펴볼 필요가 있다.

〈디자인의 핵심 요소〉

- 심미성 : 형상, 색상, 비율, 선(곡선, 직선) 등
- 편리함 : 사용, 보관, 휴대 편리성과 직관적으로 용도, 기능, 사용법 등을 이해하는 것
- 경제성 : 개발 비용, 생산 비용, 조립, 포장 등 포괄적 의미
- 정체성 : 제품 디자인에 부여하는 철학이나 가치와 같은 주관적 요소를 포함
- 그 외 내구성, 안전성, 트렌드 등

첫 번째, 심미성은 아름다움이다. 제품의 형상, 색상, 비율, 선(곡선, 직선) 등을 일관성 있고, 아름답게 표현하는 것이다. 핵심 요소 중 디자이너의 역할이 가장 중요시되는 요소다.

두 번째, 편리함은 조금 넓은 의미로 이해해야 한다. 사실 편리함이라는 단어로 표현하기에는 부족함이 있다. 사용, 보관, 휴대 편리성과 소비자가 직관적으로 제품의 용도, 기능, 사용법 등을 이해하는 것을 포함한다. 소비자가 설명서 없이도 쉽게 사용할 수 있다면 더 말할 나위 없이 좋다.

세 번째, 경제성은 제조원가를 의미한다. 훌륭한 제품 디자인은 심미성, 편리함 등을 유지하면서 제조원가를 낮출 수 있는 것이다. 때로

는 제조원가가 높아지더라도 디자인을 중심으로 결정하기도 한다. 현실에서는 제품 디자이너가 경제성을 고려하는 경우는 드물다. 디자이너가 제조 공정이나 원가에 대해 잘 알지 못하고, 경제성보다는 심미성을 중시하는 경우가 많기 때문이다. 고부가가치의 제품이라면 제조원가의 중요도가 낮아질 수 있겠지만, 흔한 경우는 아니다. 모두가 고부가가치 제품을 개발하고 싶어 하지만 현실은 그리 녹록하지는 않다.

네 번째, 정체성은 제품 디자인에 부여하는 철학이나 가치와 같은 주관적인 것이다. 제품의 정체성을 고객이 직관적으로 이해할 수 있도록 디자인하는 것이 중요하다. 제품에 기업의 정체성이나 브랜드 정체성을 부여하는 경우가 많다. 형상, 색상, 질감 등으로 표현할 수 있다.

이외에도 내구성, 안전성, 트렌드 등이 주요한 핵심 요소가 될 수 있다. 안전성은 의료, 미용, 어린이 제품 등에서 중요한 가치다.

지금까지 제품 디자인이 중요한 이유와 효율성, 핵심 요소를 알아봤다. 지금부터는 실무적으로 어떤 과정을 통해 제품 디자인을 하는지 알아보겠다.

제품 디자인을 위해서 반드시 선행되어야 할 것이 있다. 고객 세분화다. 고객을 모르는 상태에서 디자인하는 것은 불가능하다. 타깃 고객이 좋아할 디자인을 만들어야 하는데 고객을 모른다는 것은 있을 수 없는 일이다. 제품 개발의 출발점은 고객이라는 것을 잊지 말자.

〈제품 디자인 순서〉

1단계 : 실사용 고객 리서치 및 고객사 요청사항 접수

2단계 : 제품 스케치(선택)

3단계 : 디자인 시안 제작

4단계 : 최종 디자인 모델링

5단계 : 디자인 시제품 제작(선택)

6단계 : 최종 모델링에 대한 기구 설계 협의

1단계는 타깃 고객이 현재 어떤 제품을 사용하고 있는지, 어느 시장의 고객을 유인할 것인지 리서치하는 것이다. 경쟁제품을 포함한 간단한 시장 분석 자료를 제작한다. 시장 조사와 중복되는 내용도 있겠지만 좁은 의미의 시장 분석이다. 시장 조사 내용을 바탕으로 원하는 디자인이 있다면 디자이너에게 요청한다. 텍스트를 포함하여 참고할 이미지를 제공하는 것이 직관적이고 이해가 쉽다.

2단계 스케치는 1단계에서 수집된 정보를 바탕으로 디자이너가 자신의 생각을 구체화하는 단계다. 이 과정은 생략하는 경우도 있는데 프로젝트 비용과 필요성에 따라 결정된다.

3단계는 디자인 시안을 제작하는 것이다. 보통은 2~3개 정도의 시안을 만든다. 하나의 시안을 선택해서 일부 보완하기도 하고, 2개 이상의 시안에서 장점을 조합하여 최종시안을 만들기도 한다. 시안 중 최선을 선택하는 것은 무척 고민되는 일이다. 자장면과 짬뽕 중 하나

를 선택하는 것보다 어렵다. 두 가지를 장점을 믹스하는 것도 가능하나 제품 디자인의 통일성이나 정체성을 해치지 않는 선에서 진행되어야 한다.

4단계 최종 디자인 모델링은 결정된 최종시안을 바탕으로 실제 제품의 모습처럼 이미지를 만드는 것이다. 디자인 단계에서 디자이너가 할 수 있는 최종단계라고 볼 수 있다. 디자인이 완료되어 기구 설계 단계로 넘어가더라도 다시 디자인 파일을 수정해야 하는 경우가 있다. 디자이너의 의도대로 기구 설계를 할 수 없기 때문이다. 대부분은 기구 설계 단계에서 수정되며 디자이너는 이 업무를 당연히 수행해야 한다. 적어도 기구 설계가 끝나야 디자인 작업이 완전하게 종료된 것으로 보는 것이 타당하다.

5단계 디자인 시제품 제작은 선택적으로 진행한다. 보통은 3D 프린터를 활용해서 가볍게 제작한다. 기구 설계 전 단계로 내부구조 설계가 되어 있지 않고 외관을 확인하기 위한 용도의 시제품을 제작한다. 기구 설계의 비중이 크지 않은 간단한 구조의 제품이라면 양산용 기구 설계를 하기 전에 시제품을 만들어 보는 것이 큰 의미가 있다. 하지만, 기구 설계 비중이 큰 제품이라면 디자인 모델링으로 시제품을 만드는 것이 큰 의미가 없다.

6단계 최종 모델링에 대한 기구 설계 협의는 디자인과 기구 설계를 함께 하는 기업에 의뢰했다면 부분 조정만 하면 크게 문제되지 않는다. 왜냐하면 디자인할 때 이미 기구 설계 요소를 반영했을 것이기 때문이다. 하지만 디자이너가 기구 설계 요소를 반영하지 않았다면 큰 폭으로 수정할 수도 있다. 디자이너와 기구 설계 엔지니어는 제품을 해석하고 접근하는 방식이 다르기 때문이다.

제품 디자인이 중요한 이유와 핵심 요소, 진행순서 등 전반에 대해서 알아봤다. 현실에서는 어떻게 적용할 것인지는 각자의 몫이다. 제품의 특징, 성능, 예산, 고객의 특성, 기업의 역량에 따라 종합적으로 판단해야 한다.

디자인이 중요하다.

제품 개발 프로세스에 투입될 예산 중 제품 디자인에 얼마나 분배할 수 있는지는 현실적인 문제다. 제품을 개발하는 기업이 남성과 이공계 출신이 많다 보니 기술적인 측면에 치중하는 경우가 많다. 디자인에 많은 노력과 비용을 투자하지 않는다. 성능과 가격만 적당하면 얼마든지 판매할 수 있다는 잘못된 확신이 있기 때문이다. 성능과 가격 이외에도 디자인, 마케팅 능력, 패키지, 스토리 등 중요한 것이 많다. 디자인은 우리가 생각하는 이상으로 중요하고 큰 부가가치를 가져다준다.

5 기구 설계

개발 과정에서는 기구 설계, 판매 과정에서는 디자인!!!!

기구 설계는 제품 개발 과정에서 가장 중요한 단계다. 기구 설계는 디자인한 제품을 기능성, 작동성, 생산성, 조립 편리성, 원가, 제작 공정 등 다양한 요소를 고려하여 설계하는 것이다. 기구 설계 엔지니어는 디자인, 금형, 사출, 회로, 시제품 등에 관한 다양한 지식이 있어야 한다. 기구 설계 엔지니어는 소프트웨어를 다루는 서비스 업종이지만, 제조업에 대한 높은 이해가 요구되는 직업이다. 이 책에서는 개발을 의뢰하는 기업의 입장에서 알아야 할 내용을 설명하려 한다. 기술적인 내용은 단기간에 이해하기 어렵고 자세히 알 필요가 없다. 기구 설계의 과정을 이해하고, 좋은 외주용역기업이나 엔지니어를 찾는 방법을 아는 것이 더 현실적으로 유용하다.

5.1 기구 설계와 기본 설계의 차이

기구 설계는 디자인을 바탕으로 시제품을 만들어 보는 것과는 완전히 다르다. 시제품 제작 단계에서 자세히 설명하겠지만, 3D 프린터로 시제품을 만들었다고 해서 기구 설계가 끝난 것은 아니다. 현업에서 말하는 기구 설계는 양산 설계를 의미한다. 디자인 단계에서 시제품 제작을 위한 설계는 기본 설계 정도에 해당한다. 양산을 목적으로 하는 기구 설계와 혼동하면 안 된다. 기구 설계는 회로 조립, 금형 구조, 원가, 조립 편리성, 방수/방진, 후공정 등을 종합적으로 고려한 설계다.

시제품 제작을 위한 기본 설계와 양산을 목적으로 하는 기구 설계를 구분해서 알아보려 한다.

- 기본 설계 : 시제품 제작을 위한 기초적인 설계
- 기구 설계 : 양산을 위한 구체적이고 완성도 높은 설계

기본 설계는 개발 초기 3D 프린터로 시제품을 제작할 때 사용하는 설계 방식이다. 적은 비용으로 형태나 성능의 일부를 확인할 때 좋은 방법이다. 사실 디자인 모델링과 큰 차이가 없으며 실무에서 기구 설계 엔지니어가 기본 설계를 하는 경우는 많지 않다.

하지만 기본 설계가 반드시 필요할 때가 있다. 제품의 외형이나 회로의 작동 여부를 기구 설계 단계 전에 확인하고 싶은 경우에 기본 설

계를 하는 것이다. 마케팅 목적, 투자 유치, 정부지원사업 등에 제출할 목적으로 기본 설계를 진행하기도 한다. 기본 설계는 최소한의 수준으로 빠르게 하는 것이 좋다. 최종 설계를 확정하는 것이 아니고, 회로나 다른 장치가 잘 작동하는지 확인하는 것을 목적으로 하기 때문이다. 기본 설계를 복잡하게 하면 시제품 제작 비용이 많이 든다. 목적에 맞는 최소한의 노력과 비용을 투입하는 것이 좋고, 목적은 명확하고 단순해야 한다.

기구 설계는 그대로 양산 금형을 제작해도 될 정도의 수준을 말한다. 따라서 회로의 위치와 체결 방법, 플라스틱을 성형할 때 발생하는 수축과 휨과 같은 문제점, 금형/사출 비용, 후공정, 조립공정 등을 종합적으로 검토한다. 실제 제품과 80~90% 이상 동일한 수준의 설계로 소소한 부분을 제외하고는 변경이 없다고 봐야 한다.

다시 말해, 기본 설계와 기구 설계는 차원이 다르다. 기본 설계와 기구 설계를 명확하게 구분하기는 어렵지만 기본 설계는 디자인 모델링 또는 조금 더 발전한 수준이다. 반면 기구 설계는 양산용 설계로 이해하면 된다.

5.2 기구 설계 용역기업 및 엔지니어의 조건

기구 설계는 구체적이고 완성도 높은 설계다. 기구 설계가 잘되었다면 시제품 제작, 금형, 사출 단계에서 큰 어려움이 없이 진행된다. 기구 설계가 잘못되었다면 시작하기 전부터 곤란한 상황이 생긴다. 잘못된 기구 설계라는 것은 양산으로 구현할 수 없는 것과 구현은 가능하지만 지나치게 비용이 많이 투입되는 것도 포함된다.

좋은 기구 설계 용역기업이나 엔지니어가 갖춰야 할 몇 가지 능력이 있다.

〈기구 설계 엔지니어가 갖춰야 할 능력〉
- 금형, 사출, 회로 개발 등 제조 공정에 대한 이해 능력
- 디자이너와의 커뮤니케이션 능력
- 원가 구조 이해 능력
- 프로젝트 관리 능력
- 기능적 설계 능력
- 문서 작업 능력

디자인된 제품을 제대로 양산할 수 있도록 자기만의 방식으로 해석하여 도면으로 풀어내는 것이 기구 설계 엔지니어의 역할이다. 결국 디자인도 알아야 하고 양산 공정 전반에 대해서 충분히 이해하고 있어

야 한다. 플라스틱 성형 방법이나 회로에 대해서 정확히 알지 못하고 제품을 설계한다는 것은 있어서는 안 되는 일이다.

기구 설계 엔지니어는 현장감이 있어야 한다.

하지만, 현실에서는 이런 일들이 비일비재하다. 기구 설계 엔지니어에게 마지막으로 제조 현장에 방문한 날짜가 언제인지, 본인이 설계한 제품의 금형을 조립하는 것을 본 적이 있는지, 한 달에 몇 번이나 제조 현장을 방문하는지 등을 물어보면 기대 이하의 답변을 듣게 될 것이다. 마지막으로 제조 현장을 방문한 지 한 달이 넘지 않았으면 다행이고, 금형 조립 공정을 본 적이 있다면 성실한 기구 설계 엔지니어고, 한 달에 2~3번 이상 제조 현장을 방문하고 있다면 매우 훌륭한 기구 설계 엔지니어다. 사무실에 앉아 근무를 하면서 현장에 나가 보지 않고 양산 공정을 이해하는 것은 불가능하다. 또한, 한 개인이 위에 열거한 모든 능력을 갖추려면 많은 경험이 필요하다. 따라서 기구 설계 용역을 개인보다는 회사에 의뢰하는 것이 안정적이다. 비교적 많은 비용이 투입되는 만큼 라인업을 갖춘 기업을 선택하는 것이 바람직하다.

5.3 기구 설계 피해 사례 및 계약 체결 시 확인 사항

기구 설계를 의뢰할 때 어떤 회사가 기구 설계를 잘하는지 알기 어렵기 때문에 잘하는 곳을 찾으려고 노력을 기울이기보다 저렴한 곳을 찾는 경우가 많다. 저렴한 곳을 찾다 보니 최근에는 중개플랫폼에서 프리랜서에게 의뢰하거나 해외 업체를 찾는 사례가 증가하고 있다.

소비자가 제품을 싸게 구매하기 위해서 최저가를 검색하는 것은 합리적인 행동이다. 제품의 성능, 가격, 배송 등은 어느 정도 정량적으로 비교 가능하기 때문이다. 하지만 기구 설계나 디자인, 금형 제작과 같은 일을 가격 중심으로 의사 결정하는 것은 제조업에 대한 정보를 얻기 어렵기 때문이다. 가격보다 중요한 고려사항이 많다는 것을 알지만 그 외 사항은 확인하기가 쉽지 않은 것이 현실이다. 고객사를 통해 알게 된 몇 가지 피해 사례를 정리하면 다음과 같다.

〈프리랜서 및 해외 업체 피해 사례〉

- 기구 설계 엔지니어와 연락이 잘 안 된다.
- 양산을 위해 데이터를 요청했는데 추가 금액을 요구한다.
- 별다른 이유 없이 요청사항이 반영되지 않았다.
- 개인적인 이유로 납기를 자꾸 미룬다.
- 간단한 작업인 것 같은데 오랜 시간이 걸린다.

모든 프리랜서와 해외 업체가 문제를 일으키는 것은 아니지만, 현업에서 고객사로부터 듣게 된 피해 사례는 프리랜서나 해외 업체가 많았다. 일부가 문제를 일으키는 것이니 지나친 일반화는 지양해야 한다. 다만 프리랜서나 해외 업체와는 분쟁이 생긴 후 해결하는 것이 무척 어렵다. 소송을 하기에는 금액도 크지 않고, 옳고 그름을 가리기에 모호한 내용이 있기 마련이다. 서로 잘잘못을 따지다가 잔금을 포기하고 적당히 마무리하는 경우가 많다. 처음부터 악의적으로 접근한 사람을 제외하고는 양측 모두가 피해를 봤다고 느끼게 된다. 이런 일을 예방하기 위해 프로젝트 계약서에 필요한 내용을 구체적으로 작성해야 한다. 계약서에 기록할 수 없는 세부사항은 사전에 충분히 협의하고 이메일이나 요청서 등의 형태로 남겨야 한다.

잘 모르는 사람이나 기업에 수백만 원에서 수천만 원을 계약금으로 주는 일이다. 비용이 더 들고 수고롭더라도 믿을 만한 기업에 의뢰하는 것이 좋다. 그렇지만 문제는 용역기업이 믿을 만한 기업인지를 확인할 수 없다는 것이다. 확인할 방법을 모르겠다면 다음 내용을 참고하여 실패 확률을 줄여 보자.

- 개발 의뢰서 또는 사양서 등 요청서류를 작성한다.
- 프리랜서와는 더욱 신중하게 계약한다.
- 계약서를 꼼꼼하게 작성하고, 세부사항은 별도 협의한다.
- 최소 2곳 이상 상담을 한다.

- 회사가 운영하는 홈페이지나 SNS를 찾아본다.

다시 한번 말하지만 모든 프리랜서가 문제가 있다거나 잘 못 하는 것은 아니다. 필자도 업무 능력이 뛰어난 1인 기업을 알고 있다. 필자가 알고 있는 대부분의 1인 기업은 본인 명의의 사업자등록증이 있다. 사업자등록이 없는 프리랜서라면 이유는 두 가지 아니겠는가. 직장인이거나 본인의 명의로 사업자등록을 할 수 없는 경우다. 이런 내용에 대해서는 각자가 판단하기 바란다.

스스로 개발 의뢰서를 작성해 보자.

스스로 제품에 대한 개발 의뢰서를 작성하는 것이 중요하다. 자전거 개발을 용역업체에 의뢰한다고 생각해 보자. 의뢰하면서 "6세에서 13세까지 탈 수 있는 가벼운 자전거를 모던하고 안전하게 만들어 주세요"라고 하기보다 요청사항을 구체적으로 전달할 필요가 있다. 의뢰서를 바탕으로 가능한 것과 그렇지 않은 것을 구분하고 세부사항을 논의해서 결정하는 것이 좋다. 이를 바탕으로 계약서를 작성하거나 별지로 첨부할 수 있다. 다음 개발 의뢰서 양식은 티어원에서 제작한 것으로 실제로 작성해 보면 좋다.

피해를 예방하기 위해서 여러 가지 경우의 수를 사전에 충분히 논의하고 계약서를 작성했다면 어땠을까 하는 아쉬움이 있었다.

제품 개발 의뢰서

의뢰 기업	수행 기업
	(주)티어원

2024년 00월 00일

제 품 명	ex> 세이프티 차일드 싸이클				
제품용도	ex> 초등학교 3~6학년을 타겟으로 하는 안전하고 가벼운 자전거				
완료단계	□아디이어 구상 □스케치 □디자인 □기구설계 □시제품 □회로개발				
개발범위	□디자인 □기구설계 □시제품 □회로개발 □양산 □조립 □포장				
주요고객층	ex> 고객층에 대한 이미지를 상상해서 기록				
고객 상세	성별	연령	직업	재산수준	교육수준
	라이프스타일, 개성, 태도 등		추가하는 편익, 사용빈도, 충성도 등		
제품 정의	ex> 우리 제품이 무엇이라는 것을 고객 중심으로 한 줄 요약				
제품상세	기구적(물리적, 화학적) 특성				
	크기	중량	소재	색상	기타
	00*00*00mm	0000g	소재를 모르는 경우 특성서술	팬톤기준	
	세부사항(기능, 전기적 특성, 회로 등 관련 내용)				
	1. 안전 : ex> 주변 사물이 15km/h 이상으로 접근할 경우 알람				
	2. 위치 확인 : ex> 블루투스를 활용하여 부모와 연결(위치 및 이동속도)				
	3. 안전 : 60도 이상 기울 경우 충격보조 장치 작동				
	4. -----------------------------------				
비용 및 일정	출시예정일	시제품 일정	개발 예산	타겟 판매가	타겟 원가
					보통 판매가의 30%이하
양산 및 마케팅	양산수량	패키징	조립 여부	납품지	판매채널
애로사항/ 기타					

제품 개발 의뢰서

계약서에 수정 가능한 원파일 제공과 용역기업에 제공해야 하는 내용을 포함시키는 것이 좋다. 세부적인 내용은 별도의 제품 개발 의뢰서, 작업 지시서 중 한 가지를 선택하면 된다. 계약서에는 대략적인 내용을 넣고, 별지로 제품 개발 의뢰서를 포함하는 방식이다. 개발을 의뢰하는 서류는 직접 작성하는 것이 좋다.

서너 기업을 직접 만나서 상담하면 좋겠지만, 거리상의 문제도 있고, 시간 맞추기가 힘든 경우가 많다. 전화로 상담을 해도 어느 정도 파악이 가능하고, 화상미팅 등을 통해 전문성과 신뢰도를 판단할 수 있다. 용역기업에 대해 어느 정도 확신이 생기면 한두 곳 정도 대면 미팅을 진행하는 것이 좋다. 최근에는 기업이 홈페이지나 SNS를 활용해서 마케팅 활동을 한다. SNS를 참고자료로 활용하는 것도 좋은 방법이다.

제품 개발을 많이 수행한 기업은 금형, 사출 등 제조 영역에 대해서도 잘 안다. 기구 설계 후 제품이 어떻게 생산되는지 확인하기 때문이다. 제품 개발 후에도 고객사를 잘 관리하는 기업은 펀딩, 오픈마켓, 패키지, 유통 등에 대해서도 어느 정도는 알고 있다. 개발 제품이 문제없이 양산되고 있는지, 판매는 어떤지를 파악하기 위해 고객과 지속적으로 교류를 하기 때문이다. 실제로 판매를 해 보니 어떤 문제가 있었는지를 고객사로부터 듣게 된다. 예상하지 못했던 문제나 소비자의 피드백, 포장, 물류, 유통 등 다양한 정보를 갖고 있다.

마지막으로 기구 설계 용역기업을 선정할 때 가장 중요한 것은 소통이 잘되는 기업을 선택하는 것이다. 소통이 잘되는 용역기업은 좋은 이야기만 해 주는 기업이 아니다. 개발기업의 요청사항을 잘 듣고 이해하며, 합리적인 선택을 할 수 있도록 솔직한 조언을 해 주는 것이 소통이다.

5.4 기구 설계를 의뢰할 때 알아야 할 최소한의 지식

파팅 라인, 구배, 게이트, 이젝터 핀, 언더컷, 리브 정도는 알고 가자.

지금까지는 개발 의뢰자 입장에서 좋은 협력사를 찾는 방법과 어떻게 개발을 의뢰하고, 계약을 할지에 대한 가이드였다. 지금부터는 기구 설계를 용역기업에 의뢰할 때 알아야 할 최소한의 지식을 설명하려 한다. 금형과 관련된 내용이 대부분이라 쉽지 않겠지만 엔지니어가 아닌 사람도 충분히 이해할 수 있는 내용이다. 뒤에 나오는 금형 관련 내용을 숙지하고 다시 한 번 읽어 보면 더 잘 이해할 수 있다.

기구 설계 엔지니어 중에서 지금부터 나올 내용을 잘 모르는 사람도 있다. 금형에 대해서 정확히 알지 못하는 경우도 있고, 본인의 영역이 아니라고 생각하는 위험한 경우도 있다. 기구 설계 엔지니어와 금형 엔지니어 모두 알아야 하는 교집합의 영역이다. 극단적인 예로 기구 설계 엔지니어에게만 맡기면 금형이 어려워져 금형 비용이 높아질 것이고, 금형 엔지니어에게만 맡긴다면 제품에 아쉬움이 생길 수 있다.

큰 비용을 지불하고 진행하는 프로젝트인데 적어도 필요한 질문은 할 수 있을 정도는 배워야 한다. 금형 제작에 들어가기 전에 반드시 확인해야 하는 기구 설계 내용을 몇 가지 알아보자.

(1) 파팅 라인(parting line, 금형 분할선)

금형을 제작하고 시사출을 했을 때 가장 먼저 확인이 되며 중요한 것은 무엇인지 생각해 보자. 제품의 외관? 치수? 성능? 모두 아니다. 가장 중요한 것은 제품이 금형에서 빠지는지 여부다. '아니, 어떻게 제품이 금형에서 안 빠질 수 있지?'라고 생각하겠지만 잘 빠지지 않는 경우도 종종 있다. 제품이 안 빠지면 아무것도 할 수 없다. 제품이 빠져야 외관, 치수, 색상, 성능, 소재 등 다양한 사항을 확인할 수 있다. 필자의 회사 티어원에서 운영하는 유튜브 채널에 제품이 잘 빠지지 않아 금형을 분해하는 영상도 있으니 참고하기 바란다.

제품이 빠지는 것(취출)과 파팅 라인이 무슨 상관일까? 내용을 이해하기 위해서는 사전 지식이 필요하다. 다소 장황하더라도 이해해 주기 바란다. 파팅 라인은 금형의 상측과 하측이 구분되는 분할선이다. 금형의 상측은 고정되어 있어 고정측이라고 하며, 하측은 좌우로 반복적으로 이동하여 가동측 또는 작동측이라고 한다. 아래 세로로 길게 보이는 것이 분할선이며 보통은 파팅 라인이 된다. 분할선 좌측의 금형(하측 금형, 작동측)이 좌우로 작동한다.

단계별로 살펴보면 플라스틱 수지가 상측(고정측)을 통해 금형으로 투입된 후 하측(작동측)이 실린더 반대 방향(좌측)으로 이동한다. 이때 성형된 제품이 하측에 붙어서 함께 이동한다. 이동 후 이젝터 핀으로 제품을 밀어내어 금형으로부터 분리시킨다. 사출 공정상 보압, 냉각 등도 있지만 이 단계에서는 이해를 돕기 위해 생략한다.

1단계는 원재료 용융, 2단계는 원재료 주입, 3단계는 하측(가동측) 후퇴, 4단계 취출 단계로 이해하면 간단하다.

파팅 라인(parting line)

금형의 상측과 하측

사출 성형의 4단계

1단계 원재료 용융

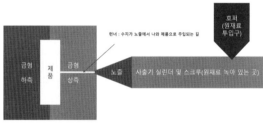

2단계 원재료 주입

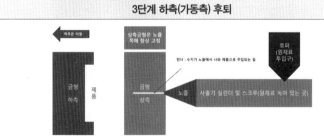

3단계 하측(가동측) 후퇴

4단계 취출

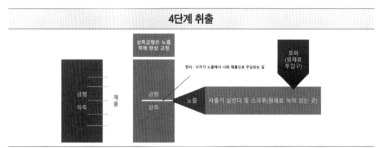

성형된 제품은 하측(가동측)이 작동할 때 하측에 붙어서 함께 이동해야 한다. 제품을 금형으로부터 빼내는 이젝터 핀이 하측에 있기 때문이다. 만약 하측으로 붙지 않고, 상측으로 붙었다면 수작업으로 빼야 하는데 오래 걸리거나 금형을 분해해야 하는 경우도 있다. 반대로 하측에 너무 강한 힘으로 붙어 있으면 이젝터 핀의 힘으로 제품을 온전하게 떼어 낼 수 없다. 제품을 하측으로 붙이되 이젝터 핀으로 밀어서 뺄 수 있을 정도의 적당한 힘으로 붙여야 한다.

하측으로 적당히 붙이기 위해서는 파팅 라인이 중요하고, 파팅 라인이 일자로 형성되지 않는 경우에는 금형 전체가 복잡해진다. 금형이 복잡해진다는 의미는 비용이 높아지고 제작 기간이 길어진다는 것이다.

지금까지의 내용은 파팅 라인이 금형의 작동 과정에 미치는 영향이다. 파팅 라인은 직접적으로 제품에 영향을 준다. 제품에 선으로 표시되기 때문에 금형 제작 전에 반드시 확인해야 할 내용 중 하나다. 파팅 라인이 굵게 보이는 것은 아니지만 고가의 제품일수록 민감하게 확인한다. 보통은 제품의 가장 하단에 위치시켜 눈에 띄지 않도록 한다. 파팅 라인을 숨기기 위해 라인 쪽에 단차를 주는 경우도 있고 후공정으로 제거하는 경우도 있다. 내장 부품은 크게 문제 될 것이 없지만, 외장 부품은 잘 확인해야 한다.

그렇다면 파팅 라인이 제품에 미세하게 나타난다는 것은 이해했을 것이다. 사실 지금까지는 파팅 라인에 대한 설명이었고, 지금부터 파팅 라인이 중요한 이유를 설명하겠다. 금형에서는 제품이 금형으로부터 빠지는 것(취출)이 중요하다고 강조했다. 제품을 잘 취출하기 위해서 금형에서는 구배라는 '빠짐 각도'를 적용한다. 구배가 시작되는 기준점이 파팅 라인이다. 3차원상의 제품을 면으로 얇게 썰었을 파팅 라인에서 멀어질수록 치수는 작아져야 한다. 다시 말해 파팅 라인이 면을 기준으로 최대치수 구간이 되는 것이다. 컵을 상상해 보면 이해가 쉽다. 플라스틱 컵은 입이 닿는 주둥이 쪽이 바닥면보다 넓다. 아닌 것도 있지만 극히 일부다.

플라스틱 컵의 구배 예시

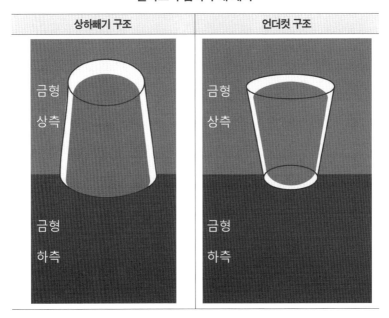

다음 이미지를 보고 파팅 라인을 어디에 설정하면 좋을지 생각해 보자. 1번, 2번, 3번 중에 하나를 고르면 된다. 다시 한번 말하지만 금형 하측이 좌측으로 이동한다는 것과 마지막에는 제품이 금형으로부터 취출된다는 것을 잊지 말아야 한다. 정답은 하나다.

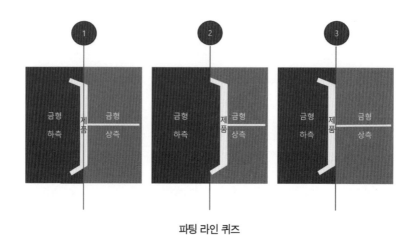

파팅 라인 퀴즈

정답은 2번이다. 1번과 3번은 금형 하측이 이동한 후에 제품이 금형으로부터 취출되지 않는 구조다. 소위 얘기하는 언더컷 구조다. 더구나 1번은 파팅 라인이 제품 중간에 생기기 때문에 3가지 중 최악이다. 1번과 3번 모두 슬라이드를 활용하면 취출은 가능하지만 쓸데없이 금형비만 높아진다. 언더컷은 뒤에 설명하겠다.

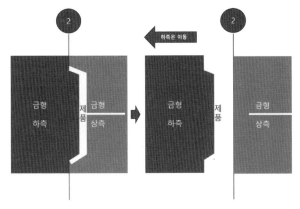

파팅 라인 퀴즈 정답

(2) 구배(draft angle, 빠짐 각도)

구배는 금형이 잘 작동하고 취출이 잘되게 하기 위해 제품에 각도를 주는 것이다. 기구 설계 엔지니어 중 제품 설계를 하면서 구배를 적용하지 않는 사람이 많다. 대부분 구배를 몇 도 줘야 하는지 모르고, 기구 설계 엔지니어의 일이 아니라고 생각하는 경우도 있다. 필자는 기구 설계 엔지니어가 구배를 적용하고 금형 엔지니어가 수정 의견을 제시하는 것이 옳다고 생각한다. 작게나마 제품의 형상이 변경되기 때문에 기구 설계 엔지니어가 조금 더 적극적으로 관여할 필요가 있다.

사실 작은 제품은 구배가 없어도 원하는 품질 수준의 제품을 생산할 수 있다. 그러나 제품이 금형이 작동하는 방향으로 길어질수록 구배가 필요하다. 구배가 없는 금형은 몇 가지 부작용이 생긴다.

① 제품의 긁힘

② 제품의 취출(빠짐) 불량

③ 제품에 과도한 이젝터 핀 자국(백화) 또는 뚫림

④ 이젝터 핀 파손

다음은 구배를 설명하기 위해서 90도 회전한 그림이다. 금형의 상측을 위 방향으로, 하측을 아래 방향으로 향하게 그렸다. 사출 성형에서는 각각 좌측, 우측에 위치한다. 다음 그림의 좌측이 제품의 단면이고 우측이 금형에 제품이 성형된 모습이다. 제품은 상단면과 좌우측면의 내각의 90도(직각)이다.

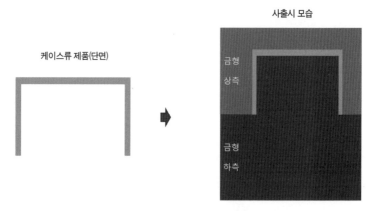

케이스 제품과 금형의 구조

현재 상태로 금형을 작동시키면 어떤 일이 벌어지는지 알아보자. 수지를 금형에 주입한 후 금형의 하측은 아래와 상측으로부터 멀어지는 방향으로 작동한다. 구배가 없는 경우 제품의 외곽이 금형과 맞닿아 하측이 이동하면서 제품이 긁힐 수 있다. 사출 압력을 줄이면 긁히지 않을 수 있으나 부작용으로 수축이 발생할 수 있다. 심한 경우에는 제품이 상측에 붙어 금형 하측에서 이탈하기도 한다.

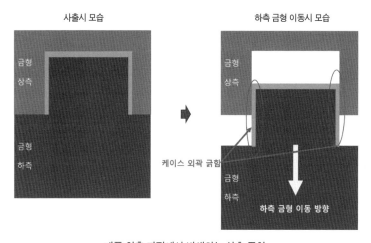

제품 취출 과정에서 발생하는 상측 긁힘

다음 좌측의 이미지는 금형 하측이 완전히 이동한 후 제품과 하측이 잘 붙어 있는 모습이다. 이제 이젝터 핀으로 제품을 금형 하측에서 취출해야 한다. 구배가 없는 경우 제품의 내측이 긁히거나 제품이 하측에서 취출되지 않기도 한다. 원활하게 취출되지 않으면 제품이 파손되기도 하고 이젝터 핀이 부러지는 경우도 있다.

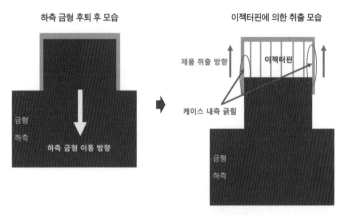

하측 금형 후퇴 후 모습

금형
하측

하측 금형 이동 방향

이젝터핀에 의한 취출 모습

제품 취출 방향

이젝터핀

케이스 내측 긁힘

금형
하측

제품 취출 과정에서 발생하는 하측 긁힘

이런 문제점을 해결하기 위해서는 구배를 적용해야 한다. 다음 우측 이미지처럼 2가지 방법이 있다. 가능하면 두께 조절을 통해 해결하는 것이 좋다. 외부 형상은 그대로 둔 채 내측 형상만 바꾸는 방법이라 디

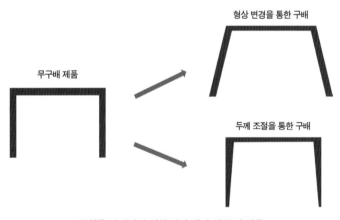

형상 변경을 통한 구배

무구배 제품

두께 조절을 통한 구배

긁힘을 방지하기 위한 형상 변경 및 구배 적용

자인에 영향을 주지 않기 때문이다. 하지만 제품이 높은 경우에는 구배를 1도만 부여해도 상단과 하단의 두께 편차가 크게 생긴다. 이런 경우 부득이하게 제품의 형상을 변경해야 한다.

(3) 게이트(gate, 수지 투입구)

실리콘이나 고무를 생산하는 압축 성형 제품에는 게이트가 없다. 반면, 플라스틱을 주로 생산하는 사출 성형 제품은 게이트가 반드시 있다. 눈에 보이지 않는 곳에 있거나 작아서 잘 보이지 않을 뿐이다. 사출 성형의 원리를 아는 사람이라면 게이트 위치를 쉽게 찾을 수 있다.

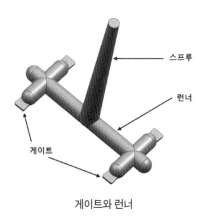

게이트와 런너

사출 성형기에서 용융된 수지는 노즐(사출 성형기의 끝단)을 지나 금형으로 흘러간다. 금형 안에 수지가 흐르는 길을 런너(runner)라고 한다. 런너를 지나 제품으로 수지가 들어가는데 런너와 제품이 맞닿는 부분이 게이트다. 즉, 게이트는 용융된 수지가 런너를 지나 제품으로 들어가는 입구다.

제품의 특성에 따라 게이트의 위치와 종류를 선정한다. 게이트는 주로 금형 엔지니어가 선정을 하고 기구 설계 엔지니어가 확인해 주는 방식으로 진행한다. 게이트에 관한 자세한 내용은 금형 챕터에서 다룬다.

(4) 이젝터 핀(ejector pin, 밀핀)

이젝터 핀은 현업에서 밀핀이라고 부른다. 제품을 밀어내는 핀이라는 뜻으로 밀핀으로 부르기 시작한 것 같다. 누가 시작했는지는 알 수 없다. 백과사전에 정식 용어로 등재된 것도 아니고 어학사전에도 제대로 나오지 않는다. 최근 젊은 엔지니어 사이에서 이젝터 핀이라고 부르는 사람이 점차 늘어나고 있다.

이젝터 핀의 종류나 위치는 금형 엔지니어가 결정하며 기구 설계 엔지니어에게 위치를 확인해 주는 정도다. 기구 설계 단계에서 쉽게 풀어 갈 수 있는 방법은 이젝터 핀이 위치하면 안 되는 곳을 명확하게 표시해 주는 것이다. 금형 엔지니어는 해당 위치를 피해서 이젝터 핀을 설치하거나 구조를 변경하거나 다른 대안을 기구 설계 엔지니어와 검토해야 한다.

이젝터 핀은 원형, 사각형, 스트리퍼 플레이트형 크게 3가지다. 원형이 가장 일반적이고 저렴하나 원형 자국이 남게 된다. 스트리퍼 플레이트형은 판 전체를 밀어내는 방식으로 원형 자국이 남지 않지만 금형 비용이 상승하고, 금형 냉각을 사용하는 것에 부정적인 간섭을 줄 수 있다.

(5) 언더컷(undercut)

기구 설계와 금형에서 언더컷은 금형이 상하, 좌우로만 작동했을 때 제품이 취출되지 않는 제품의 구조를 말한다. 대부분 측면에 돌출부가 있거나 홈이 있는 경우가 언더컷에 해당한다. 물론 언더컷을 강제빼기로 취출하는 경우를 제외하고는 대부분 슬라이드나 내측 변형코어를 사용해서 해결한다. 언더컷은 금형 비용을 상승시키는 주요한 요인으로 가능하면 언더컷이 없는 설계를 하는 것이 좋다. 내장 부품의 경우 구조 변경이 비교적 자유롭기 때문에 언더컷을 회피할 수 있는 방법이 많다. 그러나 외장 부품의 경우에는 구조 변경이 디자인에 영향을 주기 때문에 대부분 슬라이드를 통해 해결한다.

다음 그림을 통해 언더컷을 이해해 보자. 좌측의 컵 그림은 언더컷이 없는 상하빼기 금형 구조다. 그런데 컵에 손잡이가 붙었다고 생각해 보자. 우측의 그림처럼 손잡이가 언더컷 구조가 된다. 다시 말해 상하빼기 구조로 제품을 취출할 수 없다.

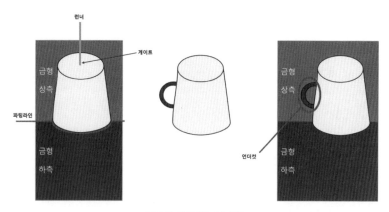

컵으로 설명하는 언더컷

컵의 손잡이는 슬라이드를 통해 언더컷을 해결할 수 있다. 컵의 손
잡이는 슬라이드 코어를 활용해서 구현한다. 슬라이드는 금형 하측이
작동하는 방향의 수직 방향으로 작동한다고 생각하면 이해가 쉽다. 슬

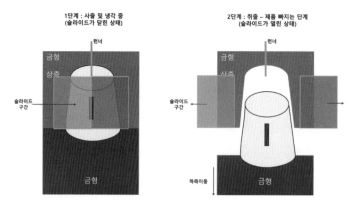

슬라이드로 해결하는 언더컷

라이드가 닫힌 상태로 수지를 주입하고, 제품 냉각 후 슬라이드 코어가 좌우로 벌어진다. 완전하게 벌어진 후 금형 하측이 작동한다.

어떤 경우에는 슬라이드 없이 언더컷을 해결하기도 한다. 파팅 라인을 언더컷 구간으로 이동시키는 경우도 있고, 제품을 형상을 변경하거나 강제빼기로 해결할 수 있다. 대부분의 언더컷은 해결할 수 있는 방법이 있다. 하지만 금형 제작 비용이 상승하기 때문에 애초에 언더컷 구조로 설계하지 않는 것이 좋다. 따라서 기구 설계 엔지니어는 금형 구조에 대해서 충분히 이해하고 있어야 한다.

(6) 리브(rib)

리브는 영어로 갈비뼈라는 뜻이다. 기구 설계에서는 제품의 형상을 설계한 대로 유지하기 위해서는 설치하는 지지 구조다. 리브가 없는 경우에는 제품에 휨이 발생할 수 있다. 건물을 지지해 주는 기둥이라고 생각하면 이해가 쉽다. 다음 그림은 일반적인 케이스류의 단면을 그린 것이다. 좌측처럼 양 측면이 내측으로 오그라들거나 상단의 넓은

리브를 설치하는 목적

면이 휘거나 뒤틀리는 현상이 발생하기도 한다. 그런 부작용을 방지하기 위해서 리브를 설치하여 제품을 견고하게 해 준다.

리브는 또 다른 역할을 제품에 가해지는 하중과 충격을 분산해 주는 역할도 한다. 제품 자체로 보면 반드시 필요한 형상은 아니지만 형상을 유지하고 물리적 특성을 향상하기 위해서 필요하다. 다만 리브를 무작정 두껍게 많이 설치하면 안 된다. 리브 자체가 수축을 일으키기 때문에 적당한 위치에 두께와 높이로 설치해야 한다.

지금까지 언급한 파팅 라인, 구배, 게이트, 이젝터 핀, 언더컷, 리브 여섯 가지는 기구 설계 엔지니어라면 반드시 알아야 하고, 제품을 개발하는 기업에 근무한다면 알아 두는 것이 좋다. 다른 중요한 요소도 많지만 최소한 이 정도는 알고 용역기업에 개발을 의뢰하는 것이 좋다.

시제품 제작

시제품은 '당연히', '재미로' 만드는 것이 아니다. 목적을 명확하게 하자.

디자인을 했거나 기구 설계가 완료되면 시제품은 어렵지 않게 만들수 있다. 시제품 제작은 제품을 개발하는 과정에서 필수적이다. 일반적으로 가격과 납기, 품질 3가지 변수를 두고 방법을 선택한다. 이것도 중요한 변수이기는 하지만 시제품을 만드는 목적을 명확하게 하는 것이 더 중요하다. 가격, 품질, 납기는 제작에 따른 조건이며, 목적을 정확하게 반영하지 못한다. 궁극적인 목적을 알아볼 필요가 있다.

시제품을 제작하는 목적은 학습, 의사소통, 통합, 마일스톤 4가지다.

〈시제품 제작 목적〉

- 학습 : 제품의 기능 또는 고객의 니즈 해소에 대한 학습
- 의사소통 : 기업 내부, 협력사, 투자자와의 의사소통
- 통합 : 부품과 상하위 시스템이 예상대로 작동하는지 확인하는

통합

- 마일스톤 : 원하는 수준의 기능을 달성했음을 확인하는 마일스톤

이 4가지 중 한 가지 이상의 목적을 위해 만드는 것이 시제품이다. 가끔은 다른 목적으로 시제품을 제작하는 경우도 있지만 중요한 것은 분명한 목적을 갖고 시제품을 제작하는 것이다. 목적이 중요한 이유는 목적에 따라 시제품 제작 방법이 달라지기 때문이다. 시제품을 만드는 방법은 다양하며, 저마다 장점과 단점을 갖고 있다. 방법은 크게 4가지로 나눌 수 있다.

〈시제품 제작 방법〉
- 3D 프린터로 출력하는 방법
- 플라스틱 블록을 가공장비(CNC, MCT)로 가공하는 방법
- 진공 주형으로 제품을 복제하는 방법
- 시금형을 제작해서 사출하는 방법

요즘 3D 프린터 많이 좋아졌다.

3D 프린터가 상용화되어 있어, 대형 제품이나 특수 소재를 사용하는 경우를 제외하고는 어디서나 쉽게 출력할 수 있다. 공공기관이나 정부지원 사업을 활용하면 무료로 출력할 수 있는 경우도 있다. 3D 프

린팅은 저렴하고 금형이나 가공으로 어려운 구조도 출력이 가능한 것이 장점이다. 예를 들어 내부에 복잡한 나선형 구조가 있는 원통형 기둥을 만든다고 가정하면 금형, 사출로는 구현이 불가능하고, 플라스틱 블록을 CNC로 가공하는 방식으로 가능하지만 매우 어렵다. 3D 프린팅은 층을 쌓아 올리는 적층 방식이기 때문에 별문제 없이 제작이 가능하다.

3D 프린팅의 단점은 상대적으로 치수 정밀도가 낮고 표면이 매끄럽지 않은 것이다. 후공정으로 어느 정도는 보완할 수 있다. 과거보다 정교해지고 소재가 다양해져 고려해 볼 만한 제작 방식이다. 다만, 대형 장비나 특수소재를 활용하는 3D 프린터는 CNC 가공과 가격에서 큰 차이가 없는 경우도 있다.

CNC, MCT 가공은 비싸도 'MUST'일 때가 있다.

플라스틱 블록을 CNC나 MCT 등의 가공기로 직접 가공하는 방법은 전통적으로 활용되는 고품질의 시제품 제작 방식이다. 정밀하다는 것이 가장 큰 장점이다. 소재는 사출 성형용보다 다양하지는 않지만, 범용 3D 프린터보다 훨씬 견고하다.

단점은 개당 생산가격이 높은 것과 생산시간이 길다는 것이다. 작은 제품의 경우 3D 프린팅이 저렴하지만, 제품이 큰 경우에는 3D 프린팅과 가격 차이가 크지 않은 경우도 많다. 구조나 수량, 가공업체에 따라 차이가 있기 때문에 몇 군데 견적을 받아 보는 것도 좋다. 플라스틱을 직접 가공하는 경우는 일반적으로 평면에 블록을 고정해 놓고 작업한다. 따라서 곡면이 많고, 구조가 복잡한 경우 가공이 어렵다. 대형 제품은 한 번에 가공이 힘들어 분할 가공해서 붙이기도 한다. 곡면이 많거나 구조가 복잡한 경우 5축 가공기를 사용하는 경우도 있다. 5축 가공기는 어려운 구조를 가공할 수 있지만 비싸다.

도면은 없지만 실물이 있을 때 진공 주형을 고려해 보자.

진공 주형은 제품을 복제하는 방법이다. 플라스틱 성형 방법 중 진공 성형과 혼동하지 않기를 바란다. 특이점은 다른 시제품 제작 방식과는 달리 도면이 없어도 실제 제품이 있으면 제작이 가능하다는 것이다. 실물을 복제해서 제작하는 방식이기 때문이다. 제품을 큰 통에 넣고 고정한 후 제품이 완전하게 잠기도록 실리콘을 채운다. 시간이 지나 실리콘이 굳으면 절반 정도를 갈라 실리콘 몰드를 제품과 분리한다. 분리된 실리콘 몰드가 금형의 역할을 하는 것이다. 실리콘 몰드에 액상 소재와 경화제를 넣어 만든다. 5~10개 정도의 시제품 제작이나 구조가 어려울 때 주로 활용한다. 실리콘 몰드는 10~20회 정도 사용이 가능하다.

금형, 사출 성형 방식으로 시제품을 만드는 방법도 있다. 금형을 구분하는 기준은 여러 가지가 있다. 시제품 제작할 때는 시금형, 시작금

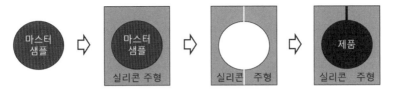

진공 주형 생산 단계

형, QDM(quick delivery mold), prototype mold라고 부른다. 명칭은 다르지만 사실상 금형은 비슷하고 각각을 정확하게 정의하기 어렵다. 교집합의 역영도 있고, 업종에 따라 관례적으로 사용하는 용어가 다르기 때문이다.

예를 들면, 전자 분야에서는 prototype이나 QDM이라는 용어를 사용하고, 자동차 분야에서는 시작금형이라는 용어를 사용하기도 한다. 시금형이라는 용어는 정부기관이나 공공기관에서 주로 사용한다. 다양한 용어 중 어떤 용어를 사용해도 괜찮다.

시금형으로 비교적 양산 품질에 가까운 시제품을 제작할 수도 있다. 필요한 시제품 수량이 많을수록 개당 생산 비용이 낮아진다. 사출 비용이 상대적으로 낮기 때문이다. 금형은 수정 비용이 높기 때문에 설계가 어느 정도 확정되었을 때 제작하는 것이 좋다. 기구 설계의 변경 가능성이 없다면 양산 금형으로 시제품을 제작하는 것도 비용을 줄이는 방법이다.

시제품 제작 방법은 저마다 장점과 단점이 있다. 어떤 방법이 좋거나 나쁘거나 하는 것은 아니다. 시제품을 만드는 목적과 예산, 납기에 따라 적당한 방법을 사용하면 된다. 최근에는 3D 프린터의 성능에 좋아짐에 따라 활용도가 높아지고 있으며, 상대적으로 진공 주형은 사용 빈도가 줄어들고 있다.

플라스틱 제품 성형 방법과 소재

　제품을 개발할 때 어떤 공정으로 생산해야 하는지 모르는 경우가 많다. 실제로 플라스틱을 생산하는 공정을 직접 본 적이 있는 사람도 많지 않다. 플라스틱은 제품의 종류에 따라 금형이나 성형장비가 다르다. 우리 제품은 어떤 공정으로 생산해야 하는지 알아보자.

　보통 플라스틱을 만드는 공정을 플라스틱 사출이라고 부른다. 정확한 표현은 아니다. 플라스틱 성형 방식 중 하나가 사출 성형이다. 플라스틱 성형이 상위의 개념이고 플라스틱 성형 방식이 사출 성형, 압출 성형, 압축 성형, 블로우 성형, 진공 성형 등으로 나뉘는 것이다.

〈플라스틱 성형의 종류〉

- 사출 성형
- 압출 성형
- 압축 성형
- 블로우 성형

- 진공 성형
- 그 외 다양한 방법

플라스틱 성형의 원리는 단순하나 기술은 쉽지 않다.

플라스틱 성형의 원리는 비교적 단순하다. 플라스틱을 녹여서 금형에 넣고, 냉각하는 방식이다. 간단하게 생각하면 붕어빵이나 와플을 만드는 것과도 비슷하다. 단순한 원리이지만 제품 특성에 따라 효율적으로 생산하기 위해 기술이 발전했다. 효율성과 생산능력은 좋아졌지만 아주 많이 복잡해져서 붕어빵을 만드는 것과는 차원이 다른 기술이 필요하다.

플라스틱 성형의 단점은 높은 금형 비용, 소량 생산 시 원가 상승, 환경 문제다. 특히 환경 문제로는 지구온난화, 미세플라스틱 섭취, 분해하는 데 오래 걸리는 것 등이 있다. 환경 문제는 반드시 해결해야 하지만 당장 대체할 만한 재료가 마땅치 않다.

몇 가지 문제점이 있지만 플라스틱을 사용하는 이유가 있다. 어떤 재료보다 가격이 낮다. 소재 자체가 가격이 낮기도 하고, 대량생산 및 자동화가 가능하기 때문에 생산 비용이 낮다. 생산 속도가 다른 제품보다 빨라 플라스틱만큼 저렴하고 빠르게 균일한 제품을 생산할 수 있는 방법이 없다. 환경 문제가 있더라도 사용할 수밖에 없는 이유다.

개발 제품을 어떻게 만들지 결정하기 위해 몇 가지 플라스틱 성형 방법을 알아보겠다.

7.1 사출 성형(injection moulding)

사출 성형 방식을 가장 많이 사용한다. 일상생활에서 사용하는 대부분의 플라스틱 제품은 사출 성형 방식으로 생산한다. 휴대전화, TV, 자동차, 정수기, 냉장고 등 다양한 제품군을 생산할 수 있다. 상대적으로 제품 형상 구현이 자유롭고 자동화 수준이 높아 대량생산이 가능한 것이 큰 장점이다. 다른 성형 방식에 비해 금형 구조가 복잡해서 금형 제작 비용이 많이 든다.

일상생활에서 사용하는 사출 성형 제품

7.2 압출 성형

압출 성형은 실린더에서 용융된 재료를 다이(압출 금형)를 통과시켜 연속적으로 밀어내 성형하는 방식이다. 새시(sash, 창문틀, 샷시의 표준어), PVC관, 빨대, 플라스틱 원재료 펠렛(pellet, 펠릿) 등을 생산할 때 주로 활용되는 성형법이다. 가래떡을 만드는 것과 매우 유사한 방식이다. 단면이 동일한 제품을 대량생산할 때 유리한 성형 방식이며, 입체적 구조의 제품을 생산하는 것은 불가능하다. 예를 들어 PVC관의 측면에 홀이 필요한 경우는 압출 성형한 후 홀을 뚫는 후공정을 추가해 생산한다.

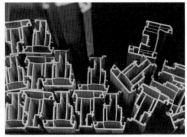

일상생활에서 사용하는 압출 성형 제품

다른 성형 방식은 제품 가격을 개당 산출한다. 임가공비에 한 시간 또는 하루에 생산할 수 있는 수량을 나누는 방식이다. 압출 성형은 다른 성형 방식과는 달리 원재료의 중량을 기준으로 한다. 예를 들어 1

톤 압출에 3백만 원, 4백만 원과 같은 방식이다. 압출 성형은 연속적으로 생산해서 제품을 절단하는 방식이기 때문에 중량을 기준으로 견적을 산출하는 것이 합리적이다.

7.3 블로우 성형

취입 성형, 중공 성형이라고도 하며 페트병, 세제용기 등 주둥이가 좁은 제품을 생산할 때 활용되는 성형 방법이다. 성형기에서 패리손이라는 튜브를 압출하고 압축공기를 불어넣어 금형 표면으로 밀어내어 성형하는 방식이다. 블로우 성형은 주로 PET병, 화장품 용기, 세제 용기 등 용기 종류를 생산한다.

일상생활에서 사용하는 블로우 성형 제품

7.4 압축 성형

압축 성형은 고체 또는 분말의 수지를 금형에 넣고 열과 압력을 가해 성형하는 방식이다. 성형장비와 금형이 간단하고 가격은 낮지만 성형 시간이 길고 수작업 비중이 높은 것이 단점이다. 분말 상태의 열경화성 플라스틱을 주로 사용한다. 식당에서 사용하는 두꺼운 멜라민 소재의 플라스틱 그릇이 주로 압축 성형으로 생산된다.

플라스틱 이외에도 실리콘, 고무, 도자기 등 다양한 재료를 성형할 수 있다. 압축 성형은 자동화 수준이 높지 않아 수작업이 많이 필요하다.

 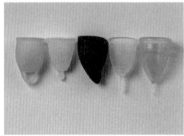

일상생활에서 사용하는 압축 성형 제품

7.5 진공 성형

진공 성형은 '게토바시'라고 알려져 있는 성형 방법이다. 우리나라 플라스틱 성형 기술이 일본 기술의 영향을 받아 현장에서는 지금도 일본어를 그대로 사용하는 경우가 많다. 정확한 명칭은 진공 성형이 맞다. 진공 성형은 플라스틱 시트를 활용하는 것이 다른 성형 방법과 가장 큰 차이점이다. 시트를 가열하여 연질로 만든 후 진공펌프로 빨아들여 금형으로 붙여 제품을 만드는 성형 방식이다. 시트 형태의 소재를 활용하기 때문에 두께를 조절하기 어렵다는 단점이 있지만, 공정이 간단하여 낮은 비용에 대량생산할 수 있다는 것은 장점이다.

일상생활에서 사용하는 진공 성형 제품

플라스틱 성형 방식 중에서 가장 많이 활용하는 다섯 가지 방식을 살펴보았다.

각 성형 방식을 알아야 하는 이유는 개발 제품의 구조나 생산수량, 원재료, 예산에 따라서 성형 방식을 선택하기 때문이다. 성형 방식에 따라 기구 설계를 달리해야 하며, 제품의 물리적, 화학적 특성이 달라질 수 있다. 생산 방식을 고려하지 않고 기구 설계를 하는 경우 많은 비용이 투입된다거나 생산이 불가능할 수 있다. 그 외에도 다양한 문제가 발생할 수 있다.

플라스틱 성형 방법 비교

구분	장점	단점
사출 성형	• 복잡한 형상 구현이 가능 • 폭넓은 제품군에 활용 • 자동화를 통한 원가 절감	• 초기 투입 비용이 높음 • 개발기간이 상대적으로 오래 걸림
압출 성형	• 금형이 단순하고, 생산성이 뛰어남 • 초기 투입 비용이 낮음	• 소량생산 시 생산처를 찾기 어려움 • 입체적 형상 구현이 불가능
블로우 성형	• 주둥이가 좁은 구조 구현 가능 • 낮은 생산 비용	• 소량생산 시 생산처를 찾기 어려움 • 두께 조절이 어려움
압축 성형	• 금형이 단순, 초기 투입 비용이 낮음 • 멜라민, 실리콘과 같은 열경화성 수지에 많이 활용	• 수작업이 많아, 개당 생산 비용이 높음 • 복잡한 구조를 구현하기 어려움
진공 성형	• 단순한 금형 구조 • 낮은 생산 비용	• 입체적 형상 구현이 불가능 • 두께 조절이 어려움

플라스틱 성형 방식만으로 '좋다', '나쁘다' 또는 '비싸다', '싸다' 등 단

편적으로 비교하기는 어렵다. 제품에 따라 적합한 성형 방식이 있기 때문이다. 예를 들어 1회용 도시락 용기는 진공 성형이 싸고, 좋다. 밀폐용기는 사출 성형 방식으로 생산하는 것이 좋다. 제품에 따라 적당한 방식이 있는 것이기 때문에 어떤 성형 방식을 선택할 것인지에 초점을 맞추면 된다.

`7.6` 플라스틱 소재의 종류와 특징

플라스틱 소재는 적당히 알고 넘어가자. 그것도 어렵다.

플라스틱을 사용하는 가장 큰 이유는 가격이 싸고 가공성이 좋아 다양한 형상을 구현할 수 있다는 것이다. 플라스틱이 금속이나 세라믹보다 가격이 낮은 이유는 대량생산이 가능하다는 점과 소재의 비중과 관련이 있다.

플라스틱 제품이 가격이 낮은 이유를 알아보자.

첫 번째 이유는 냉각 속도가 빨라 단위시간당 생산량이 많기 때문이다. 플라스틱의 경우 명함만 한 소형 제품은 20~30초, A4용지만 한 중형 제품은 1분 이내, 팔레트나 자동차 범퍼 정도의 크기는 5~10분 정도가 한 사이클이다. 그리고 대부분의 경우에는 후처리가 필요 없다. 금속을 직접 가공하는 것은 오래 걸리며 그만큼 가격이 높게 책정된다. 다이케스팅 방식을 활용하더라도 후처리를 해야 하기 때문에 가격이 높기는 마찬가지이다. 세라믹도 플라스틱의 생산 속도를 따라오기는 어렵고 플라스틱보다는 공정이 많다.

요약하자면, 플라스틱의 핵심 기술 중 하나는 소재의 냉각 속도, 즉 경화 속도가 빠르다는 것이다. 제품이 빠르게 경화되기 때문에 사이클 타임을 단축할 수 있고, 단위시간당 생산량이 많아져 가격을 낮출 수 있는 것이다. 대부분의 경우 후처리가 없거나 간단하여 큰 비용이 발생하지 않는다.

두 번째 이유는 비중이 낮다는 것이다. 일반적으로 생각할 때 플라스틱 원재료의 가격(kg당)이 금속이나 세라믹보다 낮을 것이라고 생각하지만 반드시 그런 것은 아니다. 오히려 금속보다 가격이 높은 소재도 많다. 하지만 플라스틱이 비중(물질의 밀도에 대한 상대적 비, 기준은 물로 하며 물의 비중은 1)이 다른 소재보다 낮기 때문에 동일한 크기(부피)의 제품을 생산할 때 투입되는 소재 비용이 낮다. 플라스틱의 비중은 0.95~1.25 정도의 수준이고, 세라믹은 2.5, 알루미늄은 2.8, 우리가 생각하는 대부분의 금속류는 7.0 이상이다. 다시 말해 동일한 외형의 제품을 생산할 때 2.5배에서 7.0배 정도 많은 소재 비용이 투입된다. 따라서 플라스틱은 동일한 크기의 제품을 생산할 때 다른 소재에 비해 투입되는 소재 비용이 낮고, 가벼운 것이 큰 장점이다.

제조업에서 많이 사용하는 물질의 비중

재질	비중	재질	비중
물	1	납	11.3
세라믹	2.5	플라스틱	1.1
우레탄고무	1.25	백금	21.4
니켈	8.85	고무류	0.94
철	7.85	테프론	1.38
규소	2.33	아연	2.14
SUS304	8.03	알루미늄	2.7
지르코늄	6.5	구리	8.96

(1) 재료적 특성에 따른 분류

① 열가소성 수지(thermo plastic)

열가소성 수지는 가열하여 성형한 후 다시 가열하여도 형태 변형을 동반한 성형이 가능한 수지로 사출, 블로우, 압출 성형 등에 주로 사용한다. 성형성이 높고, 재사용이 가능하여 다양한 분야에 널리 사용되며, PP, PE, PS, PC, ABS, PVC, PET, POM, PA 등이 열가소성 수지에 해당한다.

② 열경화성 수지(thermoset plastic)

열경화성 수지는 가열하여 성형한 후에는 다시 다른 형태로 변형하는 것이 불가능하다. 내열성과 강도가 좋지만 재활용이 불가능하다.

주로 압축 성형이나 이송 성형의 원재료로 사용되며, 페놀, 멜라민, 에폭시, 실리콘수지 등이 열경화성 수지다. 일반적으로 압축 성형 방식이 가장 많이 활용되는 생산 방법이다.

(2) 내열온도에 따른 분류

플라스틱은 내열온도에 따라서 범용 플라스틱, 엔지니어링 플라스틱, 슈퍼 엔지니어링 플라스틱으로 구분한다.

① 범용 플라스틱(commodity plastic)

범용 플라스틱은 내열온도 100℃ 미만이며, 가격이 저렴하고 성형성이 좋아 다양한 분야에서 폭넓게 사용하는 수지다. 대표적으로 ABS, PP, PS, PE, PMMA, PVC, SAN 등이 범용 플라스틱에 해당한다.

② 엔지니어링 플라스틱(engineering plastic)

엔지니어링 플라스틱은 내열온도 100℃ 이상, 150℃ 미만의 소재이며, 금속 및 세라믹 소재를 대체할 수 있을 정도의 고성능 플라스틱을 의미한다. 내열성, 기계적 강도, 내마모성이 뛰어나고 금속 및 세라믹 소재보다 가벼워 제품 경량화를 가능하게 하는 소재다. 대표적인 엔지니어링 플라스틱으로는 PC, Nylon(PA), 아세탈(POM), PBT 등이 있으며 성형 온도가 범용 플라스틱보다 높고 사출 조건을 잡기가 까다롭다.

③ 슈퍼 엔지니어링 플라스틱(super engineering plastic)

슈퍼 엔지니어링 플라스틱은 내열온도 150℃ 이상의 소재이며, 자동차, 전기, 전자 분야에서 고내열도를 요구하는 부품에 주로 사용한다. 흔하게 활용되는 소재는 아니며 고내열 제품을 성형하기 위해서는 별도의 금형 장치나 장비가 필요한 경우가 많다. 대표적으로는 PSU(폴리설폰), PEEK, PPS, PI, PTFE(테프론) 등이 있다.

(3) 분자결정에 따른 분류

분자결정에 따라 결정성 수지와 비결정성 수지로 나뉜다. 결정성이냐 비결정성이냐 자체가 실무에서 중요한 것은 아니고 결정성과 비결정성 수지의 대략적인 차이에 대해서만 알고 있어도 충분하다. 실무에서는 개별 수지 자체의 특성이 중요한 것이지, 사용하는 수지가 어떤 결정성을 갖는지에 대해서는 고려할 내용이 아니기 때문이다.

① 결정성 수지(crystalline polymer)

일반적으로 분자배열이 규칙적으로 이루어진 플라스틱 수지를 의미한다. 내약품성이 우수하다는 장점이 있으나 수축률이 높고, 휨이나 후변형이 큰 편이기 때문에 치수의 정밀도가 떨어진다. 수축률이 높다는 것은 사출 시에 냉각 시간을 길게 줘야 한다는 것을 의미하며, 제품을 두께를 너무 두껍게 하는 경우 냉각 진행이 늦어져 많은 변형을 동반하게 된다. 금형을 제작할 때 원재료의 수축률을 고려하기 때문에 100mm 이하의 비교적 작은 제품의 경우에는 치수 정밀도를 유지할 수 있으나, 200~300mm의 큰 제품은 수축률을 고려하여 금형을 제작해도 제품의 구조에 따라 수축의 양상이 달라져 치수 정밀도를 유지하기 어렵다. 이를 보완하기 위해서 유리섬유(glass fiber)와 같은 첨가물을 투입해 수축률을 줄이기도 한다.

② 비결정성 수지(amorphous polymer)

분자의 배열에서 규칙성을 찾을 수 없는 수지를 말한다. 정확히 말하면 원거리에서는 규칙성이 없지만, 근거리에서는 결정성 수지와 마찬가지로 규칙성을 찾을 수 있다. 수축률이 낮아 치수 정밀도가 높아 정밀기계 부품으로도 많이 사용한다.

구분	결정성 수지	비결정성 수지
수축률	높음	낮음
치수 정밀도	낮음	높음
후변형	많음	적음
종류	PA, PE, PP, POM 등	ABS, PC, PS, 아크릴 등

어떤 수지를 사용할 것인가 결정을 하기 위해서는 성형된 제품이 어떤 특성을 갖고 어떻게 활용되는지를 먼저 아는 것이 중요하다. 예를 들면 케이스류를 제작할 때 어느 정도의 충격에 견뎌야 하는지, 어느

정도 열에 견뎌야 하는지를 정해 놓고 재료를 선정해야 하는 것이다. 식품용기의 경우에는 식품용 PP를 사용하는 경우가 많지만, 100℃ 열탕 소독이나 전자레인지 사용을 위해서 다른 수지를 사용하기도 한다. 이렇듯 수지의 조건을 미리 정해 놓아야 금형 제작을 시작할 수 있다. 수지에 따라 금형에 적용하는 수축률이 다르기 때문에 재료가 변경되면 0.5~1% 정도의 치수 변화가 생길 수 있기 때문이다.

(4) 실무에서 가장 자주 사용하는 수지

플라스틱 수지의 종류는 다양하지만, 실제 현업에서 많이 활용하는 수지는 열 가지 이내다. PP, ABS, PE, PC, PS가 가장 많이 활용하는 5대 소재다. 이외에도 PET, POM, PA, PU(TPU), PMMA(아크릴)가 많이 사용된다.

제품군에 따라서 주로 사용하는 재료가 정해져 있기 때문에 실무자도 자주 사용하지 않는 수지에 대해서 자세하게 모르는 경우가 많다. 하지만 기구 설계 엔지니어라면 다양한 수지에 대한 지식을 습득하고 있어야 고객사에 적당한 수지를 제안할 수 있다. 사출 성형에서 가장 많이 사용하는 재료를 중심으로 실무적으로 알아보려 한다.

(5) 각 수지별 정의와 특성

① PP(폴리프로필렌, polypropylene)

PP('피피'라고 불림)는 아주 광범위하게 사용되는 원재료다. 식품용기에 많이 사용하고, 의료용으로도 많이 사용하는 안전한 재료 중 하나다. 플라스틱 중에서는 비교적 연질재료에 속하며 비중이 낮아 가벼운 수지다.

가장 큰 장점은 가격이 싸다는 점인데 보통 ABS의 60~70% 수준, PC의 50% 이하의 수준에서 가격이 책정된다. 단점은 수축률이 높고, 휨이나 후변형이 심한 편이라는 것이다. 컬러는 마스터 배치나 안료를 통해 만들어 낼 수 있지만, 주로 NP(기본색, 반투명)를 그대로 활용하는 경우가 많다. 수축률이 크기 때문에 대형 제품을 생산하는 경우 휨이나 치수 변화를 예측하기 쉽지 않다. 대형 제품을 생산할 때는 첨가제를 넣어 수축률을 줄이거나 다른 원재료를 사용하는 것이 바람직하다.

주로 각종 용기류, 휴지통, 소비재의 캡류, 잡화, 배터리케이스, 필름류 등 아주 다양한 제품군에서 흔하게 사용되는 수지다.

② ABS(아크릴로니트릴 부타디엔 스티렌, acrylonitrile butadiene styrene)

ABS('에이비에스'라고 불림)는 PE나 PS의 단점을 보완하기 위해서 만든 수지다. PE보다 내열성이 좋고, 내충격성은 4배 이상 뛰어나다. ABS라는 소재 이름대로 내약품성이 좋은 아크릴로니트릴(acrylonitrile), 고무 성분으로 내충격성이 좋은 부타디엔(butadiene), 가공성이 좋은 스티렌(styrene)을 혼합하여 만든 수지다. 각각의 장점을 조금씩 모아 놓은 수지로 특별한 단점이 없어 아주 광범위하게 사용된다.

NP(기본색)은 진한 아이보리 계열의 색상이며, 백색, 흑색, 투명 등 다양한 색상으로 사용된다. 색상을 만드는 방식으로는 원재료 자체를 컴퍼운딩해서 색상이 있는 펠렛(pellet) 형태로 만들거나 마스터 배치나 안료를 혼합하여 사용하는 방식이 있다.

또한 ABS는 도금이 수월한 수지다. 주로 도금용 ABS로 사출 성형한 제품에 도금하며, 일반 ABS도 도금이 잘된다. 사출물에 도장, 인쇄 등 다양한 후공정을 자유롭게 적용할 수 있는 것 또한 실무에서 많이 활용하는 이유 중 하나다.

③ PC(폴리카보네이트, poly carbonate)

PC('피씨'라고 불림)는 내열성, 내충격성, 기계적 강도가 우수하며, 잘 깨지지 않는 수지다. 수축률이 낮고, 치수 안정성이 좋아 비교적 정밀한 제품에 많이 사용된다. 전자제품의 내장 부품, 자동차 부품, 휴대전화 부품, 전동공구류 부품, 의료용 플레이트 등 다양하게 사용된다. 휴대전화의 경우 파손에 민감하기 때문에 내장 부품뿐만 아니라 외장 부품에도 많이 사용한다.

PC에도 몇 가지 단점이 존재한다. 첫 번째는 PP나 ABS에 비해 금형 제작이나 성형이 까다롭다는 것이다. PC는 성형 시 실린더 온도가

260℃ 정도로 높고, 상대적으로 가소성이 좋지 않아 원활한 성형을 위해서는 금형의 냉각 구조를 잘 만들어야 한다. 두 번째는 수지의 가격이 높다는 것이다. 일반적으로 PP의 3배, ABS의 2배 정도로 높아 큰 크기의 저부가치의 소비재에 사용하는 것은 다소 부담스러운 가격이다. 작은 제품은 원재료 비용이 차지하는 비중이 높지 않아 원가에 큰 영향을 주지 않는다.

④ PE(폴리에틸렌, polyethylene)

PE('피이'라고 불림)는 가격이 저렴하고 내충격성, 내약품성이 우수하기 때문에 다양한 제품군에 사용되는 수지다. 소비재로는 세제, 샴푸류, 1회용 식품용기, 장난감 등이 있고, 산업재로는 파렛트, 전선피복, 화학약품 용기류 등이 있다. PE는 고밀도 폴리에틸렌(HDPE, high density polyethylene), 중밀도 폴리에틸렌(MDPE, middle density polyethylene), 저밀도 폴리에틸렌(LDPE, low density polyethylene) 등으로 분류된다. PE의 특징은 사출 성형, 블로우 성형, 압축 등에서 폭넓게 사용되며 2가지를 배합해서 사용하는 경우가 많다는 것이다. HDPE는 상대적으로 경질이며, LDPE는 연질의 소재로 HDPE는 식품용기 뚜껑 같은 비교적 단단한 제품, LDPE는 필름이나 랩 등 연질의 제품이 많이 사용된다. 이 2가지 소재를 혼합하여 사용하는 경우가 많기 때문에 어떤 제품에 사용하는지 특정하는 것은 다소 무의미하다.

⑤ PS(폴리스틸렌, polystyrene)

PS('피에스'라고 불림)는 GPPS(지피피에스, General purpose poly-styrene), HIPS(High impact polystyrene) 2가지로 대별된다. 2가지의 물성이 워낙 차이가 크기 때문에 PS라고 한 번에 소개하기는 어렵고, 다른 소재로 여기는 것이 이해가 편하다. 먼저 GPPS는 투명성이 좋고 표면 광택(유광)이 잘 표현되는 소재로 표면경도가 높은 편이다. 두드리면 고음의 경쾌하고 맑은 소리가 나며 수축률이 낮아 치수안정성이 뛰어나다. 투명도가 좋아 의료용 케이스나 플레이트에 많이 활용되며, 저가의 소비재 프레임이나 케이스류에도 종종 활용된다. 특별한 기능성이 없는 GPPS류는 가격이 낮아 일반 소비재에도 많이 활용되는 편이다.

HIPS는 고무 성분이 GPPS보다 많이 함유되어 있어 비교적 연질의 소재로 내충격성이 좋지만 광택도가 떨어지는 단점이 있다. 투명도는 PP와 유사한 반투명 정도라고 이해하는 편이 좋다. 가격이 낮아 PP나 ABS와 같이 광범위하게 사용되는 소재 중 하나다.

⑥ PMMA(피엠엠에이 또는 아크릴, polymethyl methacrylate)

PMMA('피엠엠에이' 또는 '아크릴'이라고 불림)는 가장 많이 사용하는 아크릴족 수지다. 특히 PMMA 판재는 광학적 특성이 뛰어나 광선 투과율이 85%가 넘는다. 사출 성형용 소재로도 활용되지만, ABS, PS, PP 등보다 유동성이 좋지 않아 높은 사출 압력이 들어가며 생산이 쉽지 않다. 주로 판재를 절단하여 많이 사용하며 시제품 제작용(mock-up, 목업용) 소재로 많이 활용된다. 플라스틱 진열장, 스마트팜, 어항 등을 제작할 때 사용하기도 한다. 비중이 1.18 정도로 다른 플라스틱 비해 무게감이 있다.

8 사출 금형과 사출 성형기

지금부터는 사출 성형을 기준으로 세부적으로 알아보려 한다. 플라스틱 성형 방법 중 가장 많이 활용되는 방식이고, 다품종 소량생산에 적합한 방식 중 하나다. 다른 성형 방식은 최소주문수량(MOQ)이 높거나 생산 가능한 업체를 찾기가 쉽지 않다. 그나마 사출 성형이 현실적으로 접근이 용이하다.

8.1 플라스틱 사출 성형 및 금형 용어 정리

우리는 금형과 사출 성형 공정으로 생산한 제품을 매일 사용하고 있지만 그 공정을 실제로 본 경험이 있는 사람이 얼마 없다. 다른 제조업 공정도 마찬가지다. 실제로 본 적이 없는 것을 이해하는 것은 생각보다 어려운 일이지만, 조금이라도 이해할 수 있도록 기본적인 것부터 살펴보겠다. 금형, 사출업체를 선정하거나 기구 설계를 할 때 알아야 하는 기본인 용어부터 설명하겠다.

(1) 금형

금형은 같은 제품을 반복적으로 생산하기 위해서 금속 또는 비철금속으로 만들어 놓은 틀을 말한다. 실제로 본 적이 없더라도 직관적으로 무엇인지는 알고 있을 것이다. 금형은 만들고자 하는 제품의 소재, 형태, 수량에 따라 다르게 제작한다. 다음은 플라스틱 사출 성형용 금형의 사진이다.

슬라이드를 활용한 금형의 실제 모습

(2) 사출 성형

플라스틱의 성형 방법 중의 하나로 다양한 분야에 가장 많이 활용되는 성형 방식이다. 사출 성형기에 금형을 장착하고 제품을 생산한다. 원재료는 호퍼를 통해 주입되며 실린더에서 용융시켜 금형으로 주입한다.

(3) 시금형

QDM(quick delivery mold), 시작금형이라고 부르기도 한다. 양산 금형을 제작하기 전에 샘플을 생산할 목적으로 만드는 금형이다. 일반적으로 코어만 제작하고 몰드베이스는 제작하지 않는다. 금형 또는 사출업체에서 보유하고 있는 몰드베이스를 활용하는 것이다. 기본적으로 시금형은 제품의 수정 또는 프로젝트의 불확실성을 전제로 한다. 수정할 가능성이 없다면 당연히 양산 금형을 제작하는 것이 좋다.

(4) 코어

금형은 크게 코어와 몰드베이스로 나눌 수 있다. 아래 그림 중앙의 가운데 사각형 부분이 코어다. 코어에는 제품의 형상이 있고, 플라스틱 수지가 제품에 들어오는 입구인 게이트가 있다. 일반적인 시금형은 코어만 제작한다. 코어는 금형의 핵심부라고 할 수 있다.

(5) 몰드베이스

몰드베이스는 코어를 둘러싸고 있고, 금형과 사출기가 작동할 수 있게 해 준다. 지구로 따지자면 코어는 핵, 몰드베이스는 맨틀로 이해하면 된다. 다음의 바깥쪽 영역이 몰드베이스다.

코어와 몰드베이스

(6) 패밀리 금형

한 금형에 2개 이상의 다른 제품 또는 부품을 가공하는 것을 말한다. 금형의 밸런스와 양산의 편리성을 고려하여 크기와 중량이 유사하고 재료가 동일한 것을 한 금형에 제작하는 것이 일반적이다. 소량생산을 할 때 금형비를 절감할 수 있다는 장점이 있지만 2가지 제품의 밸런스가 맞지 않는 경우엔 지양하는 것이 좋다. 다만 패밀리 금형을 제작할 때 런너 체인지를 설치하여 개별생산을 할 수도 있다. 수십만 개 이상의 대량생산에는 적합하지 않은 금형이다. 대량생산은 동일한 제품이 여러 개가 들어 있는 양산 금형으로 진행하는 것이 효율적이다.

(7) 양산 금형

대량생산을 위해서 제작하는 금형으로 더 이상 제품의 변경이 없다고 생각했을 때 제작한다. 월간 필요수량, 사출물의 목표단가를 고려해서 금형을 제작한다. 캐비티 수가 많을수록 제품의 사출 비용은 낮아지고 금형 비용은 높아진다. 좋은 강종(금형 소재)을 사용할수록 내구성이 좋아진다. 반면 금형 가공 시간이 오래 걸려 금형 비용이 상승한다.

(8) 캐비티

사출 성형기가 한 사이클을 순환할 때 금형에서 몇 개의 제품 생산되는지와 관련 있다. 금형이 2캐비티라면 한 사이클당 생산량이 2개이고, 4캐비티라면 한 사이클에 4개의 제품이 생산된다. 캐비티는 필요한 제품의 수량과 가격을 고려해서 결정한다.

(9) 레진

레진은 일상생활에서도 다양하게 사용하는 단어다. 플라스틱 사출 성형에서는 원재료를 레진 또는 수지라고 한다. 레진은 쌀만 한 작은 알갱이의 형태로 생산되며 보통은 25kg 단위로 포장되고, 대형 제품을 생산할 때는 500kg 이상의 단위로 포장된 것을 사용하기도 한다.

(10) 게이트

사출기의 실린더에서 용융된 레진이 금형의 런너를 지나 제품으로 이동할 때 런너와 제품의 형상이 만나는 곳을 게이트라고 한다. 게이트는 레진이 제품으로 들어가는 입구라고 생각하면 이해가 쉽다. 게이트 자국은 제품의 어딘가에 생길 수밖에 없다. 제품의 안쪽에 게이트를 위치시켜 소비자에게는 안 보이게 한다거나 측면에 작게 만들어 잘 안 보이도록 위치를 선정하는 것이 보통이다.

(11) 런너

용융된 레진이 실린더에서 나와 금형으로 주입되는데 사출기의 노즐과 게이트 사이에 레진 지나가는 통로를 런너라고 한다. 런너는 제품과는 아무런 관계가 없고, 사출 성형에 필요한 기술적인 역할만 한다. 다시 말해 소비자와는 관계가 없고, 금형, 사출을 하는 엔지니어와 관계가 있으니 참고만 하기 바란다.

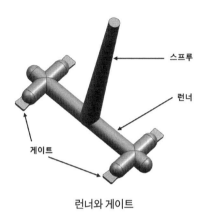

런너와 게이트

(12) 상측과 하측

금형이 열리고 닫히는 것을 기준으로 상측과 하측으로 나뉜다. 상측은 고정측이라고도 하는데 사출기 노즐과 붙어 움직이지 않고 고정되어 있기 때문이다. 하측은 좌우로 작동하기 때문에 작동측이라고도 하며 매 사이클마다 1회씩 열리고 닫히는 좌우 왕복운동을 반복한다.

(13) 수직형 사출 성형기(다대사출기)

수직형 사출 성형기는 금형이 상하로 작동하는 사출기다. 현업에서는 보통 다대사출기라고 부른다. 하지만 다대가 외래어이기 때문에 사용하지 않는 것이 좋다. 인서트 고정이 쉽기 때문에 인서트 사출 성형을 할 때 많이 사용하는 플라스틱 성형 방식이다.

(14) 이중사출기(이색사출기)

한 사출기에서 2가지의 다른 재료나 색상의 제품을 성형할 수 있다. 한 제품을 2가지 원재료로 생산하고 싶을 때 주로 사용하는 방식이다. 인서트 사출 성형을 자동화했다고 보면 된다. 한 대의 사출 성형기에 2개의 실린더가 있고, 2벌의 금형을 설치하여 자동으로 2가지 재료를 1차, 2차 순으로 생산한다. 수량이 많은 경우나 높은 정밀도를 필요로 하는 경우 이중사출이 유리하지만 그렇지 않은 경우 2개의 금형으로 나눠서 인서트 사출 성형하는 것이 경제적이다. 또한 이중사출은 크기나 구조의 제약이 많은 편이다.

(15) 파팅 라인

사출 성형은 금형은 상측(고정측)과 하측(작동측)으로 나눠져 있고, 맞닿는 부분에 아주 미세한 틈이 있다. 사출 성형을 할 때 상측과 하측이 맞닿는 부분이 제품에 얇은 라인의 형태로 표현된다. 이것이 파팅 라인이다. 파팅 라인은 모든 사출 성형에서 발생하는 것이며 완전하게 제거할 수는 없다. 다만 육안으로 잘 확인되지 않을 정도로 줄이거나 위치를 조정해서 잘 안 보이게 하는 것이 방법이다.

(16) 이젝터 핀(밀핀)

이젝터 핀은 현업에서 밀핀이라고도 한다. 제품을 밀어내는 핀이라는 의미다. 이젝터 핀은 금형의 작동측(하측)에 붙어 있는 제품을 금형으로부터 분리시키기 위해 작동하는 핀이다. 원형 이젝터 핀을 가장 많이 사용하고, 사각형, 스트리퍼판(striffer plate) 타입, 에어 이젝터 등의 방식이 있다.

(17) 구배

사전적으로 구배(勾配, draft angle)는 금형의 작동 방향으로 제품 경사선의 기울어진 정도를 의미한다. 금형에서 제품을 취출(이형, 분리)할 때 긁히거나 상하지 않기 위해 구배가 필요하다. 금형을 제작할 때 각도로 표현하며 클수록 좋지만 제품의 형상이 바뀌는 것이기 때문에 신중해야 한다. 구배는 적게 주면서 제품을 잘 취출하는 것이 가장 이상적이다.

(18) 미성형

미성형은 영어로 'short shot'이라고 한다. 사출 성형을 할 때 압력과 속도, 거리 등으로 제어를 하는데 수지가 제품의 끝까지 완전하게 성형되지 않은 상태를 말한다. 미성형에는 몇 가지 이유가 있다.

- 제품의 두께가 너무 얇아 수지가 끝까지 도달하지 못하는 경우
- 수지가 들어갈 때 끝부분에 가스나 에어가 잔존하여 더 이상 수지가 안 들어가는 경우
- 금형의 온도, 수지의 온도가 낮은 경우
- 사출 성형기를 잘못 선정한 경우

(19) 버

과거 우리나라 금형 기술이 일본의 영향을 많이 받아 일본식 표현이 잔존한다. 버(burr)를 '바리'라고 표현하는 사람도 여전히 있다. 사실 버라는 단어는 영어지만 영어권에서는 잘 사용하지 않는다. 영어권에서는 '플래시(flash)'라고 주로 표현한다. 버는 주로 파팅 라인 쪽에 발생한다. 금형의 상·하측 맞춤 정도가 불량하거나 지나치게 강한 압력, 높은 속도로 성형하는 경우 생긴다. 소재의 특성도 버를 발생시키는 원인이 된다. MI(melting index)가 높은 경우, 즉 수지의 유동성이

좋아 흐름이 과하게 빠른 경우에도 버가 발생한다.

(20) 웰드라인

웰드라인은 수지와 수지가 만나면서 생기는 라인 형태의 자국이다. 게이트가 2개인 경우 1개 이상의 웰드라인이 생기고, 게이트가 3개인 경우 2개 이상의 웰드라인이 생긴다. 게이트를 1개로 하는 이유는 웰드라인 없이 생산할 수도 있기 때문이다. 그러나 2개 이상인 경우 반드시 웰드라인이 생긴다. 웰드라인을 최소화하는 방법에는 금형 온도와 수지의 온도를 높이는 방법이 있고, 웰드라인 예상구간에 가스빼기 라인을 가공하는 방법도 있다.

(21) 수축

수축은 사출 성형에서 해결하기가 쉽지 않은 문제 중 하나다. 플라스틱 원재료는 고온에서 성형되어 온도가 떨어지면서 자연스럽게 수축이 발생한다. 보통 수축률을 고려하여 금형을 크게 제작한다. 기구 설계 단계에서 수축률을 고려할 필요는 없으며 금형 제작 단계에서 재료별 수축률에 따라 금형의 치수를 보정하여 제작한다. 다만 수축이 발생할 것으로 예상되는 구간에 살빼기를 하는 것이 필요하다.

(22) QDM

큐디엠(QDM, quick delivery mold)은 시금형의 영어 표현이다. 영어권에서는 'prototype'이라는 표현을 더 많이 사용한다. 몰드베이스는 업체의 것을 사용하고 코어만 제작해서 생산하는 방식이다. 큐디엠은 유사한 제품을 지속적으로 개발하는 부품 개발기업에 가장 적합하다. 예를 들어 자동차 회사에서 손잡이를 만든다고 가정하면 차종에 따라 조금씩 변경하기 때문에 동일한 몰드베이스에 코어만 바꿔서 사출이 가능하다. 휴대전화를 만들 때 내장되는 플라스틱 부품을 만든다면 모델별로 조금씩 다르고 크기는 거의 비슷하기 때문에 큐디엠으로 생산하기에 좋은 조건이다. 하지만 일반 소비재나 외관(외형) 제품을 큐디엠으로 제작하는 것은 바람직하지 않다.

(23) 인서트 사출

2가지 부품을 화학적, 물리적으로 붙여서 생산하고 싶을 때 사용하는 성형 방식이 인서트 사출이다. 성형할 때 1차 제품을 금형에 넣고 생산한다. 화학적으로 붙인다는 의미는 2가지 다른 소재를 열에 의해 화학적으로 붙이는 것이다. 이를 고려해서 인서트 사출의 재료를 구성한다. 물리적으로 붙인다는 것은 제품이 구조적으로 결합될 수 있도록 하는 것이다.

8.2 금형 제작의 순서

금형 제작은 많은 비용과 시간, 인력이 투입된다. 그 이유는 단계가 많고 다양한 분야의 기술 인력이 투입되기 때문이다. 기구 설계가 끝나면 금형 견적을 산출할 수 있다. 금형 견적 산출은 생각보다 간단한 일이 아니다. 왜 그런지 살펴보겠다.

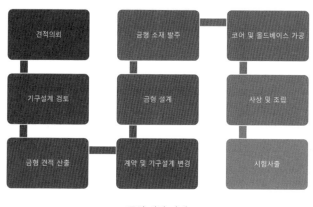

금형 제작 단계

(1) 견적 의뢰

기구 설계한 3D 모델링 파일을 step, stp 확장자로 금형업체에 보낸다. 확장자가 step, stp로 되어 있다고 하더라도 파일 제작이 메시(mesh)로 되어 있는 것보다는 솔리드(solid) 형태로 되어 있는 것이 좋다. 둘 다 금형 견적을 산출하는 것에는 문제가 없지만, 메시 형태의 파일은 금형을 제작할 때 솔리드 형태로 다시 설계해야 한다. 물론 제대로 된 기구 설계를 했다면 솔리드 형태로 되어 있을 것이다. 보통은 디자인 파일이 메시로 되어 있는 경우가 많다.

(2) 기구 설계 검토

금형 제작업체는 기구 설계 도면을 받으면 금형 제작에 적합한지 여부를 검토한다. 금형 제작에 적합하다고 판단하는 경우에는 그대로 금형 견적을 산출하고, 그렇지 않은 경우는 기구 설계 수정을 전제로 가견적을 산출한다. 제품 수정이 어떻게 이루어질지 서로 교감이 되지 않은 상태에서 가견적을 최종견적으로 여기면 서로 곤란한 상황이 올 수 있다. 비용에 대한 책임을 질 수 있는 위치에 있는 사람이 아니라면 가견적을 문서화해서 결재를 받는 것은 주의해야 한다. 실제 금형 제작 비용과 많이 다를 수 있기 때문이다. 간혹 상상할 수 없는 수준의 미흡한 데이터를 받기도 한다. 금형 제작은커녕 금형 견적을 산출하기 어려울 뿐만 아니라 기구 설계를 다시 해야 하는 경우도 있다.

(3) 금형 견적 산출

간단한 제품의 금형 견적을 산출하는 것은 어려운 일이 아니다. 몇

분이면 끝날 일이다. 제품의 구조가 복잡하거나 부품의 수가 많은 경우에는 몇 시간이 걸린다. 어느 업종이나 견적을 산출하는 것은 당연하지만 숙련된 노동력이 투입되는 것이다. 고객사에게 견적 비용을 청구하는 회사는 거의 없지만, 견적 산출은 제조업체에게 비용이다. 그런데 어떤 고객사는 하도 여러 곳에 기계적으로 견적을 문의해서 업체명도 모르는 경우도 있다. 문의하는 고객사에서 알아서 할 일이지만 마음에 드는 곳 몇 곳에만 문의를 해 줬으면 하는 바람이다.

금형 견적을 산출할 때 몇 가지 알아야 할 불편한 사실이 있다.

첫 번째, 금형 견적은 기업마다 편차가 있다. 기업마다 다른 것은 누구나 이해할 수 있을 것이다. 정확히 말하면 견적을 산출하는 사람마다 다르다. 동일한 제품이라고 하더라도 어떤 방법으로 금형을 구현하느냐에 따라 견적이 다르게 산출된다. 설계된 제품을 생산하기 위해서 금형을 만드는 방법이 기업마다 다르다는 뜻이다. 따라서 금형비가 높다고 불평하는 것은 무의미하다. 견적의 차이가 크면 견적이 낮은 기업에서 진행하면 되고, 작은 차이라면 가격인하를 요구하면 된다.

두 번째, 시기마다 금형 견적이 달라질 수 있다. 제조업체에 프로젝트가 얼마나 있느냐에 따라 견적이 달라질 수 있다. 급하게 진행되는 프로젝트가 없는 경우에는 비교적 낮은 비용으로 견적이 산출된다. 반대로 프로젝트가 많은 경우에는 견적이 높아지는 경우가 대부분이다. 이게 무슨 말인가 싶지만 사실이 그렇다. 의도적으로 그렇게 하는 것은 아니지만 바쁠 때는 견적이 높아지는 경향이 있다.

세 번째, 금형 제작기업도 실제로 어느 정도의 비용이 투입되는지 정확히 알지 못한다. 금형 제작 비용을 정확하게 산출하기 위해서는 각 단계별로 정확한 투입 비용을 알아야 한다. 하지만 수십 가지의 공정의 비용을 정확하게 산출하는 것은 불가능하다. 견적 의뢰 단계에서는 금형 도면이 없기 때문이다. 때로는 제조사도 금형을 제작하고 손해 보는 경우도 있다. 물론 재료비, 가공비, 인건비, 전기세 등을 다 뺐을 때 손해라는 것이다.

(4) 계약 및 기구 설계 변경

금형 견적과 세부 조건에 서로 동의하면 그 내용을 바탕으로 계약서를 작성한다. 계약서는 2부를 작성하여 날인, 간인하고 한 부씩 갖고 있는 것이 보통이다. 금형의 물적 소유권은 발주처에 있는 것이 일반적이고 도면에 관한 소유권에 대해서는 금형 제조사마다 차이가 있으니 확인이 필요하다.

계약이 체결된 후 기구 설계 데이터를 금형 제작이 가능하도록 수정한다. 보통은 경우라면 1~3일 정도면 마무리된다. 하지만 기구 설계의 완성도가 떨어지는 경우 그 이상 걸릴 수도 있으며 결재를 받아야 할 만큼 큰 수정이 있을 수도 있다. 이런 경우에는 수정 비용이 별도로 발생하기도 하며 시간도 오래 걸린다. 기구 설계가 중요한 이유는 앞에서 충분히 얘기했다.

(5) 금형 설계

간혹 금형 설계와 기구 설계를 혼동하는 사람도 있다. 기구 설계는 제품을 설계하는 것이고, 금형 설계는 그 제품을 생산할 수 있는 금속 틀을 설계하는 것이다. 본질적인 차이는 금형 설계는 소비자와는 아무 상관이 없고, 제품 설계는 소비자에게 직접적인 영향을 미친다.

금형비는 금형 설계비를 포함하고 있으며 별도로 청구하지는 않는다. 금형 제작업체에서는 설계비를 전체 금형비의 5~10% 정도로 책정해 놓는 것이 보통이다.

(6) 금형 소재 발주

금형의 크기는 제품에 따라 다르기 때문에 미리 주문해 놓지 않는다. 설계가 마무리되어 가는 시점이나 마무리된 후 소재를 발주하는 것이 보통이다. 금형의 소재 중 가장 큰 덩어리는 몰드베이스다. 몰드베이스가 전체 금형비에서 차지하는 비중은 대략 20~30% 정도다. 물론 작은 제품일수록 차지하는 비중이 적고, 큰 제품일수록 높다. 난이도가 낮은 제품일수록 몰드베이스가 차지하는 비중이 높고, 난이도가 높을수록 낮다. 금형 코어의 경우 강종에 따라 비용 차이가 있지만 소재비 차이보다는 가공비의 차이가 더 크다. 강한 강종일수록 가공 시간이 오래 걸린다. 이외에도 다양한 부자재가 있지만 전문적인 영역으로 제외한다.

(7) 코어 및 몰드베이스 가공

코어는 제품의 형상이 있는 핵심부다. 코어를 제작할 때 사용하는 가공 방식은 상당히 많다. MCT 가공은 기본이고 방전, 와이어커팅, 랩핑 등 다양한 방식을 활용한다.

몰드베이스는 소수의 전문제작 업체가 있다. 어느 정도 규격화되어 있고 코어가 들어갈 중심부와 작동할 수 있도록 홀을 뚫는 정도로 가공한 것을 납품 받는다. 국내에서는 K사의 몰드베이스가 가장 널리 쓰이지만 최근에는 금형 단가 경쟁이 치열해져 중국에서 수입하는 경우도 많다.

(8) 사상 및 조립

금형의 모든 부품을 조립하는 공정이다. 모든 부품이 제대로 가공되었는지 확인하며 잘못 가공한 것을 보정하는 작업도 한다. 완전하게 잘못 가공된 것은 재가공하지만 육안으로 확인되지 않을 정도의 미세한 공차가 있을 수 있다. 제대로 가공했더라도 실제로 사출을 하면 원하는 제품이 나오지 않을 수도 있다. 이런 것을 보정하는 작업을 한다. 실제 금형 도면과는 다르게 금형을 수리하여 원하는 제품을 생산할 수 있도록 하는 것이다. 다른 공정은 금형 가공장비의 발전으로 엔지어니어의 역할이 점차 축소되고 있지만 금형 사상 및 조립 엔지니어의 영역은 여전히 유지되고 있다.

(9) 시험사출

현업에서는 시사출이라고 한다. 첫 번째 시험사출은 보완점을 찾는
다는 것에 의미를 둔다. 한 번에 원하는 제품을 하기란 쉽지 않다. 보
통은 2~3회 정도의 시험사출을 거치면 제대로 된 제품을 생산할 수 있
다. 시험사출에서 나온 제품이 이상이 없다면 금형이 완료된 것으로
보며, 양산을 준비한다.

8.3 시금형/QDM과 양산 금형

시제품 제작 단계에서 시금형에 대해서 간략하게 설명했다. 구체적
으로 금형의 종류에 대해서 알아보겠다. 금형을 분류하는 기준은 여러
가지가 있지만 가장 큰 범주는 시금형과 양산 금형으로 나누는 것이
다. 둘의 차이를 설명하기 위해서는 코어와 몰드베이스가 무엇인지 먼
저 알아야 한다. 코어는 제품 형상이 가공되어 있는 핵심부다. 몰드베
이스는 코어를 작동시키기 위한 장치가 있으며 코어를 감싸고 있다.

시금형과 양산 금형을 나누는 기준은 몰드베이스가 있고 없고의 차
이다. 시금형은 코어만 만들고 금형회사 또는 사출회사가 보유하고 있
는 몰드베이스를 활용하는 것이다. 제작 의뢰기업(수요기업)은 코어
비용과 몰드베이스 가공 비용만 지불한다.

- 시금형 : 샘플 확인, 소량생산, 구조 확인 목적의 금형
- 양산 금형 : 대량생산을 목적으로 하는 금형

QDM은 만병통치약이 아니다.

최근 시금형을 만병통치약인 것처럼 홍보하는 회사가 있다. 만약 모든 제품이 시금형으로 가능하다면 양산 금형은 필요가 없다. 시금형으로 가능한 제품과 불가능한 제품이 무엇인지 알아보자. 시금형으로 원하는 수준의 제품을 생산하는 경우는 생각보다 많지 않다. 구조가 간단하고 요구하는 품질수준이 높지 않은 경우에만 시금형을 추천한다. 다음은 시금형으로 제작하는 것이 맞지 않는 경우다.

〈시금형(QDM) 활용이 적당하지 않은 제품〉
- 요구하는 품질 수준이 높은 제품
- 슬라이드나 변형코어가 필요한 제품
- 소재의 성형온도가 높은 엔지니어링 플라스틱 제품
- 제품이 커서 보유하고 있는 몰드베이스로 제작이 불가능한 제품
- 판매할 제품의 외관 부품

시금형을 만들어 2~3천 개만 생산하고 싶다는 요청을 종종 받는다. 적은 비용으로 2~3천 개 정도 생산해서 시장 반응이 좋으면 양산 금형

을 제작하겠다는 의미다. 좋은 시장반응을 얻기 위해서는 양산 금형으로 제작하는 것이 바람직하다. 시금형과 양산 금형은 생산수량뿐만 아니라 품질에도 영향을 준다. 품질이 동일하다면 양산 금형은 존재의 이유가 없다. 적어도 소비자가 육안으로 확인 가능한 부품은 양산 금형으로 제작하는 것이 좋다.

어떤 제품이든 저비용으로 생산할 수 있다면 마다할 이유가 없다. 시금형에 대한 다양한 해석이 있는데 오해가 생길만한 설명도 있다. 나 역시도 우리 회사의 블로그나 유튜브에 잘못 설명한 것이 아닌가 하고 다시 찾아볼 때가 있다. 보통 치수 정밀도가 낮은 내장제품, ABS나 PP 등 사출 온도가 낮은 제품, 슬라이드가 없는 구조를 주로 시금형으로 제작한다.

수량이 적더라도 소비자에게 판매하는 제품이나 정밀한 제품을 시금형으로 접근하면 안 된다. 수요기업과 공급기업의 시금형에 대한 기준이 다룰 수 있다는 점을 명심해야 한다. 금형이라고 다 같은 금형이 아니며 양산 금형이 존재하는 이유가 분명히 있다. 단순히 생산수량으로만 결정할 문제가 아니라는 것이다.

시금형을 다른 업체로 옮겨서 생산해야 하는 상황이라고 가정해 보자. 예를 들어 금형 제작업체가 폐업을 해서 더 이상 생산할 수 없다는 통보를 받았다거나 특정 이유로 더 이상 거래할 수 없는 경우이다. 이런 경우 코어만으로 제품을 생산할 수 없기 때문에 몰드베이스를 별도로 제작해야 한다. 매우 복잡한 상황이고 대부분의 금형업체가 몰드베이스만 제작하거나 금형을 이관받는 것을 꺼려한다. 경험적으로 잘해 봐야 본전이라는 것을 알기 때문이다. 최종 금형 도면을 보유하고 있다면 그나마 다행으로 시도는 해 볼 수 있다. 최종 금형 도면이 없다면 시도조차 하기 어렵다.

시금형의 몰드 베이스는 발주기업의 자산이 아니고 공급기업의 자산이다. 사출을 하기 위해서는 코어와 몰드베이스가 동시에 필요한데 맞는 몰드베이스가 없으니 코어는 무용지물이다. 이관을 하더라도 해당 코어에 맞는 몰드베이스가 없기 때문에 별도의 몰드베이스를 가공하거나 코어를 새로 제작해야 한다. 때로는 사출업체에서 다소 높은 생산 비용을 청구하는 경우도 있다. 여러 가지 변수가 있으니 시금형을 제작할 때는 주의하는 것이 좋다.

8.4 금형 코어의 종류

금형 코어의 소재를 기준으로 나누기도 한다. 소재는 알루미늄과 스틸로 크게 나눌 수 있다. 스틸은 강종에 따라 KP4, KP4M, NAK80, STAVAX, 열처리 금형 등 다양하다. 간혹 시금형과 알루미늄 코어를 같은 의미로 이해하는 사람도 있다. 보통 시금형은 알루미늄 코어를 사용하지만, 스틸로 코어를 제작하기도 한다. 따라서 시금형은 무조건 알루미늄으로 코어를 제작한다는 것은 틀린 이야기다.

- 알루미늄 코어

- 스틸 코어 : KP4, KP4M, NAK80, STAVAX 열처리 코어 등

코어 강종은 품질과 최대생산수량, 비용에 영향을 준다. 코어의 강종이 단단해질수록 품질과 내구성이 좋아지고 비용이 올라간다. 반대로 연질일수록 품질과 내구성이 떨어지나 비용은 낮아진다. 금형으로 몇 개를 생산할 것인지 예상해서 코어를 제작해야 한다. 투명한 제품을 생산할 때는 생산수량과 관계없이 NAK80 이상을 사용하는 것이 좋다.

지구상에 가장 많이 매장되어 있는 원료 중 하나가 스틸이다. 스틸의 가격 자체는 생각보다 높지 않다. 강한 강종이라고 해서 엄청나게 비싼 것은 아니다. 금형비 전체에서 차지하는 비중이 높은 축에 속하는 것도 아니다. 하지만 강한 강종일수록 가공 시간이 오래 걸리기 때문에 모든 가공 비용이 상승하기 마련이다. 금형 제작에 필요한 공정이 20가지 이상이며 모든 비용이 상승하기 때문에 총액 기준으로 꽤큰 비용이 된다. 강한 강종일수록 가격이 높지만 품질과 내구성이 좋은 것은 당연하다.

8.5 패밀리 금형

앞으로 패밀리 금형의 활용도가 높아질 것이다.

패밀리 금형은 다품종 소량생산에 적합한 금형 제작 방식 중 하나다. 양산 금형이면서 제품별로 금형을 제작하는 것보다는 비용이 적게 들고 시금형보다 품질이 좋다.

패밀리 금형은 한 개의 코어에 공간을 나눠 다른 모양의 제품을 2개 이상 넣는 것을 말한다. 금형 비용을 줄이기 위한 방법 중 하나다. 예를 들면 왼쪽과 오른쪽 또는 상판과 하판의 형태로 조립되는 제품은 다른 형상이지만 크기나 무게가 비슷하다. 패밀리 금형으로 적용하기 좋은 경우다. 또는 작은 내장부품 여러 가지를 패밀리로 제작하는 것도 좋다. 동일한 원재료라면 두말할 나위가 없다.

패밀리 형태는 양산 금형에 적용하는 것이 일반적이다. 시금형에 적용하는 것도 가능하지만 코어만 제작하는 시금형이라면 2가지 제품을 하나의 코어에 넣으나 별도의 코어를 만드나 큰 차이가 없다. 시금형을 패밀리 형태로 제작하지 않는 이유다.

패밀리 금형으로 제작할 때는 포함될 제품의 중량이나 형태가 비슷한 것이 좋다. 크기가 많이 다를 경우는 사출할 때 제품의 균형이 맞지 않아 정상적인 제품을 생산하기 어렵다. 어쩔 수 없이 패밀리 금형으로 제작해야 한다면 한 가지 제품만 사출하도록 런너를 열고 닫을 수 있는 장치를 설치한다. 하지만 한쪽으로만 지속적으로 힘을 가하는 경우 금형의 균형이 흐트러질 수 있다. 패밀리 금형은 몇 가지 단점이 있지만 다품종 소량생산에 좋은 해결 방법이 된다. 몇 가지 단점이 있어도 비용을 아낄 수 있기 때문에 대량생산이 아니라면 긍정적으로 고려할 만하다. 다음 사진은 패밀리 금형으로 좌측은 금형의 하측, 우측은 금형의 상측이다.

패밀리 금형

8.6 2단 금형과 3단 금형

금형판에 따라 2단 금형, 3단 금형으로 나누기도 한다. 금형의 몰드 베이스가 2매냐 3매냐에 따라 나누는 방법이다. 당연히 2단 금형은 싸고, 3단 금형은 비싸다. 3단 금형을 활용하는 이유는 게이트의 위치 선정이 자유롭다는 것이다. 게이트는 금형, 사출 교재에서 자세히 설명하겠다.

8.7 사출 성형기의 구분

금형과 마찬가지로 사출 성형기를 구분하는 기준은 다양하다. 작동 방향에 따라 수직형과 수평형으로 나뉘기도 하며, 형체력을 가하는 방식에 따라 토글식과 유압식으로 나누기도 한다. 어떤 제품을 생산하느냐에 따라 사출기가 달라질 수 있다. 예를 들면, 인서트 사출은 수평사출기보다 다대사출기라고 불리는 수직사출기가 유리하다. 얇고 길거나 넓은 제품은 전동사출기가 유리한 측면이 있고, 노즐의 직경이 작은 것이 좋다. 면적이 넓은 제품은 형체력이 상대적으로 높은 사출 성형기가 유리하다. 제품에 따라 적합한 사출 성형기가 다르기 때문에 어떤 것이 좋고 나쁨의 문제는 아니다.

이런 복잡한 내용은 개발기업이나 금형, 사출기업의 조언을 받는 것이 합리적이다. 엔지니어가 아닌 사람이 모든 분류 방식에 대해서 알 필요는 없다. 실질적으로 필요한 것은 비용과 생산 속도다. 이와 관련된 내용을 중심으로 알아보겠다.

사출 성형기를 구분하는 기준 중 하나는 형체력이다. 형체력의 단위를 톤으로 분류하며 사출기를 120톤, 220톤, 480톤 등으로 부른다. 형체력은 용융된 사출 원재료를 노즐을 통해 금형으로 주입할 때 발생하는 압력을 견디는 힘이다. 원재료를 180~300℃ 정도로 가열하여 금형으로 주입할 때 노즐을 통과한 원재료는 매우 강한 압력으로 금형에 투입된다. 투입된 이후에도 고온의 강한 팽창압력이 발생한다. 이 압력을 버티는 힘이 형체력이다. 형체력이 약하면 압력을 견디지 못한 금형이 벌어지면서 제품의 파팅 라인에 버(burr, flash)가 생긴다. 쉽게 말해 불량 제품이 생산된다.

일반적으로 형체력은 금형을 설치할 수 있는 공간의 크기, 사출용량과 비례한다. 자동차의 배기량이 높을수록 차량이 커지는 것과 마찬가지다. 일반적으로 비례한다는 것이지 반드시 그렇다는 것은 아니다. 작고, 얇으면서 정밀한 제품은 노즐의 직경이 작고, 실린더의 크기가 작은 제품이 유리하다. 반면 두껍고 큰 케이스류는 노즐의 직경과 실린더가 큰 사출 성형기가 유리하다. 같은 형체력의 사출기라고 하더라도 노즐의 직경과 실린더의 크기에 따라 장단점이 있다.

8.8 사출 원가의 계산

사출 비용은 인건비와 원재료 비용, 손실률, 관리비, 부자재비, 임대료, 전기료, 장비감가상각비, 포장 비용, 이익 등이 합산된 것이다. 인건비와 원재료 비용이 전체의 60~70% 이상을 차지한다. 소형 제품의 경우 인건비의 비중이 높고, 대형 제품일수록 원재료 비용의 비중이 높아지는 경향이 있다. 다음은 개당 사출 성형 비용을 계산하는 원론적인 방법이다. 인건비, 원재료비, 관리비 등을 개당으로 계산하여 개당 사출 비용을 산출할 수 있다.

사출 성형비 = 인건비 + 원재료비 + 관리비 + 이익 + 부자재비
+ 전기료 + 지대 + 그 외

보통은 공장별로 사출장비의 형체력을 의미하는 톤수에 따라 임률을 정해 놓는다. 원래 임률은 단위시간당 임금을 말하는 것이지만, 현업에서는 인건비, 장비감가상각비, 전기료, 임대료, 포장비 등 각종 비용을 포함하여 임률이라고 말하기도 한다. 이런 이유로 사출기 톤수에 따라 임률이 달라지는 것이며, 임률을 사전적으로만 이해하면 현업에서의 임률을 제대로 설명할 수 없다.

예를 들어 1천 개의 소형 제품을 생산하는 데 필요한 시간이 10시간이고, 1시간당 임금(관리자 및 작업자)이 5만 원이라고 하면 1천 개 생

산하는 데 50만 원의 비용이 발생한다. 개당 500원 정도의 생산 비용에 원재료, 포장, 물류비를 더하면 제품 원가가 된다. 이런 계산법은 대량생산할 경우 적용된다. 소량생산의 경우는 이 계산법을 그대로 적용하기 어렵다. 생산을 하기 위해서는 금형을 사출기에 설치하고, 원재료를 교체해야 하며 사출 조건을 설정해야 한다. 1천 개를 생산할 때나 1만 개를 생산할 때나 똑같은 공정을 거친다. 당연히 수량이 적은 경우는 개당 생산 비용이 높아진다. 적당한 예시인지는 모르겠지만 택시비의 예를 들어 설명할 때가 있다. 50m를 이동하건 100m를 이동하건 기본요금은 동일하다. 사출 성형도 마찬가지로 기본적으로 발생하는 비용이 있다는 뜻이다. 몇천 개 이하의 수량은 하루 임률에 일일 생산수량을 나누고 추가 비용을 더해 개당 단가를 계산하는 것이 보통이다.

사출 성형비 = (임률 ÷ 생산수량) + 원재료비 + 부자재 비용

+ 물류비

예시) 1,280원/개 = (50만 원/1일 ÷ 1,000개/1일) + 700원/개

+ 50원/개 + 30원/개

이외에도 다양한 변수가 사출 비용에 반영된다. 제품의 난이도에 따라 사출 비용이 높아지거나 사출을 기피하는 경우도 있다. 가장 흔한 경우가 투명한 제품이다. 투명 제품은 불량률이 높다. 제품 전체를 육

안으로 확인할 수 있기 때문이다. 또한 사출기 실린더에 잔여하고 있는 다른 색상이 조금이라도 섞여 나오면 불량품이 된다. 불량으로 인한 시간과 재료의 손실률을 고려하여 가격을 높게 책정한다.

마치며

제품 개발 관련 가이드북이지만 전략, 기획에 해당하는 비즈니스 모델을 설명하는 데 많은 분량을 할애했다. 비즈니스 모델이 중요한 이유가 있다.

첫 번째, 디자인, 설계, 금형, 양산은 회사의 비즈니스 모델을 실현하기 위한 수단이다. 모든 과정이 비즈니스 모델을 의도대로 실행할 수 있도록 유기적으로 작동해야 한다. 그만큼 비즈니스 모델이 중요하기 때문에 많은 분량을 할애한 것이다.

두 번째, 이 책은 기술서적이 아니고 제품 개발, 나아가 창업에 도움을 주기 위한 가이드북의 성격이기 때문이다. 외주용역기업을 잘 활용하기 위한 정도면 충분한 것이지 기술 분야에 매몰되어서는 안 된다. 개발기업은 회사를 운영하는 것에 더 집중하는 것이 바람직하다. 소규모 기업의 역량이 분산되는 것은 좋은 모습이 아니다.

세 번째, 개발기업의 애로사항 중 공통적인 요소만을 설명하려다 보니 기술적인 내용을 많이 제외했다. 반대로 이 책에 있는 디자인, 설계, 금형, 사출과 관련된 내용은 기본 중의 기본으로 반드시 알아야 하는 최소한의 지식이다. 기술적인 내용은 별도의 책을 쓸 생각이다.

제품 개발은 지식서비스 산업과 제조업이 유기적으로 상호작용하는 과정이다. 각자 분야에 대한 자부심과 이해관계가 복잡하게 얽혀 있는 경우가 많아 프로젝트 관리가 쉽지 않다. 보통 기존 인력은 제품 개발에 대한 지식이 부족하고 신규 채용하기에는 부담스럽다. 가장 좋은 방법은 스토리를 잘 알고 있는 기존 인력이 기본 지식을 습득해서 관리하는 것이다. 이 책에는 프로젝트 관리에 필요한 기본 지식이 포함되어 있다. 제품을 개발하는 기업에 조금이라도 도움이 되었으면 하는 바람이다. 개발 과정 중 발생하는 상당수의 문제가 지식과 경험의 부족, 소통의 어려움에서 발생한다. 어느 한쪽에게는 당연한 것이 다른 쪽에는 그렇지 않은 경우가 있기 때문이다. 상대방을 이해하고 이슈를 예상하면서 프로젝트를 진행하기를 기대한다.

제품 개발의 실패는 회사나 개인에게 무척이나 큰 손해를 준다. 많은 이해관계자에게 손해를 주며 사회적 비용도 상당하다. 시행착오를 줄일 수 있도록 꼼꼼하게 확인하고 충분히 준비하기를 바란다.

일을 병행하며 쓰다 보니 완성하는 데 생각보다 오랜 시간이 걸렸다. 몇 페이지 안 되는 분량의 책인데 3년 가까이 걸렸다. 책 쓰는 일이 본업이 아니라 어쩔 수 없는 일이기도 하다. 오랜 시간 묵묵히 도와준 박동명 이사님, 시현, 지훈, 민진 님, 부모님께 감사하다.

제로 투 제조

© 이민형, 2025

초판 1쇄 발행 2025년 3월 14일

지은이   이민형
펴낸이   이기봉
편집   좋은땅 편집팀
펴낸곳   도서출판 좋은땅
주소   서울특별시 마포구 양화로12길 26 지월드빌딩 (서교동 395-7)
전화   02)374-8616~7
팩스   02)374-8614
이메일   gworldbook@naver.com
홈페이지 www.g-world.co.kr

ISBN   979-11-388-4058-3 (93580)